剪映视频剪辑与创作一本通

（手机版＋电脑版）

U0389067

张锐 主编

清華大學出版社
北京

内容简介

　　本书是一本帮助短视频创作者系统地使用剪映手机版和电脑版软件剪辑与创作短视频，提高视频剪辑技术的实用图书。本书共分 8 章，涵盖了剪映手机版基础操作，在视频中添加调色效果，在视频中添加特效，在视频中添加字幕，在视频中添加音频，在视频中添加片头与片尾，使用模板快剪视频，剪映专业版剪辑技巧等内容。

　　本书全彩印刷，案例精彩实用，内容描述通俗易懂。书中案例操作教学视频可供读者随时扫码学习，此外本书提供案例配套的素材练习文件。本书具有很强的实用性和可操作性，是短视频创作爱好者以及希望进一步提高短视频剪辑技术的读者的首选参考书，也可作为短视频和新媒体传播实践工作者的学习用书。

　　本书对应的配套资源可以到 http://www.tupwk.com.cn/downpage 网站下载，也可以通过扫描前言中的二维码下载。本书配套的教学视频可以扫描前言中的视频二维码进行观看和学习。

图书在版编目(CIP)数据

　　剪映视频剪辑与创作一本通：手机版+电脑版 /
张锐主编. -- 北京：清华大学出版社, 2025. 2. -- ISBN
978-7-302-67927-1

　　Ⅰ. TN94

　　中国国家版本馆CIP数据核字第202545022C号

责任编辑：胡辰浩
封面设计：高娟妮
版式设计：妙思品位
责任校对：成凤进
责任印制：丛怀宇

出版发行：清华大学出版社
　　　　　网　　　址：https://www.tup.com.cn，https://www.wqxuetang.com
　　　　　地　　　址：北京清华大学学研大厦A座　　　　邮　　编：100084
　　　　　社 总 机：010-83470000　　　　　　　　　　邮　　购：010-62786544
　　　　　投稿与读者服务：010-62776969，c-service@tup.tsinghua.edu.cn
　　　　　质 量 反 馈：010-62772015，zhiliang@tup.tsinghua.edu.cn
印 装 者：三河市人民印务有限公司
经　　销：全国新华书店
开　　本：148mm×210mm　　　印　　张：7.125　　　字　　数：345千字
版　　次：2025年4月第1版　　　印　　次：2025年4月第1次印刷
定　　价：79.00元

产品编号：102055-01

前言

相比专业的电脑视频后期软件，剪映手机版是一款专门用于移动端，且简单易上手的视频编辑软件，对于想创作短视频的新手来说相当友好。随着剪映专业版（电脑版）的更新，目前已经可以实现剪映手机版的几乎所有功能。但剪映手机版拥有丰富的模板，且具有便携和易用等优势。

虽然剪映手机版和剪映专业版的运行环境和界面不同，操作方式也有区别，但由于剪映专业版其实是剪映手机版的计算机移植版，因此其使用逻辑与手机版剪映是完全一样的。在学会使用剪映手机版后，只要了解剪映专业版各个功能的位置，自然就可以掌握其使用方法。考虑到剪映手机版的受众更广，本书将以其作为主要讲解对象。

本书合理安排知识结构，从剪映手机版的界面讲起，让读者了解时间轴、轨道、关键帧等基本概念，进而学习为视频添加滤镜、特效、字幕、音频的操作方法，并对剪映专业版（电脑版）进行介绍，通过学习这些内容，使读者具备制作精彩短视频的能力。

本书配备相应案例讲解的教学视频，读者可以随时扫码学习。此外，本书提供案例操作的练习文件和效果文件。读者可以扫描下方的二维码或通过登录本书信息支持网站（http://www.tupwk.com.cn/downpage）下载相关资料。

由于作者水平所限，本书难免有不足之处，欢迎广大读者批评指正。我们的邮箱是 992116@qq.com，电话是 010-62796045。

扫一扫，看视频

扫码推送配套资源到邮箱

编者
2025 年 1 月

目录

第 5 章　在视频中添加音频

第 6 章　在视频中添加片头与片尾

第 1 章

剪映手机版基础操作

　　视频的剪辑工作是一个不断完善和精细化原始素材的过程，作为视频的创作者，要掌握剪映中的剪辑工具，打磨出优秀的影片。本章将为读者介绍剪映手机版的一系列编辑操作，帮助读者快速掌握剪辑的基础技法。

1.1 认识剪映手机版界面

剪映手机版的工作界面相当简洁明了，各工具按钮下方附有相应文字，用户对照文字即可轻松了解各工具的作用。下面将剪映手机版界面分为主界面和编辑界面进行介绍。

1. 主界面

打开剪映，首先进入主界面，如图1-1所示。通过点击界面底部的【剪辑】按钮、【剪同款】按钮、【创作课堂】按钮、【消息】按钮和【我的】按钮，可以切换至对应的功能界面。

图 1-1

2. 编辑界面

在主界面中点击【开始创作】按钮，进入素材添加界面，如图1-2所示，在选中相应素材并点击【添加】按钮后，即可进入视频编辑界面。

视频编辑界面主要分为预览区域、轨道区域、工具栏区域等，其界面组成如图1-3所示。

剪映的基础功能和其他视频剪辑软件类似，都具备视频剪辑、音频剪辑、贴纸、滤镜、特效等编辑功能。

图 1-2

图 1-3

1.2　掌握剪映基础操作

　　在开始后续章节的学习前，可以在剪映中完成自己的第一次剪辑创作，以此掌握其中的流程和基础操作。

1.2.1　添加素材

　　在完成剪映的下载和安装后，用户可在手机桌面上找到对应的软件图标，点击该图标启动软件，进入主界面后，点击【开始创作】按钮即可新建剪辑项目。

01 在剪映主界面中点击【开始创作】按钮，如图1-4所示。

02 进入素材添加界面，选中一个视频素材，然后点击【添加】按钮，如图1-5所示。

03 此时会进入视频编辑界面，可以看到选择的素材被自动添加到了轨道区域，同时在预览区域可以查看视频画面效果，如图1-6所示。

04 按住视频轨道上的头尾两条白边并拖动，可以缩放时间的长短，如图1-7所示。

图 1-4   图 1-5

图 1-6   图 1-7

1.2.2　时间轴操作方法

　　轨道区域中那条竖直的白线就是"时间轴",随着时间轴在视频轨道上移动,预览区域就会显示当前时间轴所在那一帧的画面。在轨道区域的最上方是一排时间刻度。通过这些刻度，用户可以准确判断当前时间轴所在的时间点，如图1-8所示。随着视频轨道被"拉长"或"缩短"，时间刻度的"跨度"也会跟着变化，如图1-9所示。

图 1-8　　　　　　　　　　　　　　图 1-9

01 利用时间轴可以精确定位到视频中的某一帧(时间刻度的跨度最小可以达到2.5帧/节点)。图1-10所示为将时间轴定位于1秒后10帧(10f)处。

02 使用双指操作，可以拉长(两个手指分开)或缩短(两个手指并拢)视频轨道。图1-11所示为在图1-10的基础上继续拉长轨道。

图 1-10　　　　　　　　　　　　　　图 1-11

提示:

　　在处理长视频时，由于时间跨度比较大，因此从视频开头移到视频末尾需要较长的时间。此时可以将视频轨道"缩短"，从而让时间轴移动较短距离，即可实现视频时间刻度的大范围跳转。

1.2.3 轨道操作方法

在视频后期制作过程中，绝大多数时间都是在处理"轨道"，用户掌握了对轨道进行操作的方法，就代表迈出了视频后期制作的第一步。

1. 调整同一轨道上不同素材的顺序

通过调整轨道，可以快速调整多段视频的排列顺序。

🔵 缩短时间线，让每一段视频都能显示在编辑界面，如图1-12所示。

🔵 长按需要调整位置的视频片段，该视频片段会以方块形式显示，将其拖曳到目标位置，如图1-13所示。手指离开屏幕后，即可完成视频素材顺序的调整。

图 1-12　　　　　　　　　　图 1-13

2. 通过轨道实现多种效果同时应用到视频

在同一时间段内可以具有多个轨道，如音乐轨道、文本轨道、贴图轨道、滤镜轨道等。当播放这段视频时，就可以同时加载覆盖了这段视频的一切效果，最终呈现出丰富多彩的视频画面。图1-14所示为添加了两层滤镜轨道的视频效果。

3. 通过轨道调整效果覆盖范围

在添加文字、音乐、滤镜、贴纸等效果时，对于视频后期制作，都需要确定覆盖的范围，即确定从哪个画面开始，到哪个画面结束应用这种效果。

💪 移动时间轴确定应用该效果的起始画面，然后长按效果轨道并拖曳(此处以滤镜轨为例)，将效果轨道的左侧与时间轴对齐，当效果轨道移到时间轴白线附近时，就会被自动吸附过去，如图1-15所示。

图 1-14　　　　　　　　　　　图 1-15

💪 接下来移动时间轴，确定效果覆盖的结束画面，点击一下效果轨道，使其边缘出现"白框"，如图1-16所示。拉动白框右侧部分，将其与时间轴对齐。同样，当效果条拖至时间线附近后，会被自动吸附，如图1-17所示，所以不会出现对不齐的情况。

图 1-16　　　　　　　　　　　图 1-17

1.2.4 进行简单剪辑

利用剪映App自带的剪辑工具，用户可以进行简单且效果显著的视频后期操作，如分割、添加滤镜、添加音频等操作。

1. 剪辑视频片段

有时即使整个视频只有一个镜头，也可能需要将多余的部分删除，或者将其分成不同的片段，重新进行排列组合。

`01` 延续1.2.2节实例操作，导入视频片段后，点击【剪辑】按钮，如图1-18所示。

`02` 拖动轨道，调整时间轴至3秒后，点击【分割】按钮，如图1-19所示。

图 1-18   图 1-19

`03` 此时单个视频被分割成2个视频片段，选中第2个片段，点击【删除】按钮，如图1-20所示。

`04` 此时保留了前面一个片段，即原视频前3秒的内容，如图1-21所示。

图 1-20

图 1-21

2. 调节画面

与图片后期制作相似，一段视频的影调和色彩也可以通过后期制作来调整。

01 在剪映中，点击【调节】按钮，如图1-22所示。

02 在打开的【调节】选项卡中选择【亮度】【对比度】【高光】【饱和度】等工具，拖动滑动条，最后点击 ✓ 按钮，如图1-23所示，即可调整画面的明暗和影调。

图 1-22

图 1-23

03 也可以选择【滤镜】选项卡,选择一种滤镜后,调节滑块控制滤镜的强度,然后点击 按钮,如图1-24所示。

04 返回编辑界面,视频轨道下方显示多了一层滤镜轨道,如图1-25所示。

图 1-24

图 1-25

3. 添加音乐

对画面进行润色后,视频的视觉设置基本确定。接下来需要对视频进行配乐,进一步烘托短片所要传达的情绪与氛围。

01 在剪映中,点击视频轨道下方的【添加音频】按钮,如图1-26所示。

02 点击界面左下角的【音乐】按钮,即可选择背景音乐,如图1-27所示。若在该界面点击【音效】按钮,则可以选择一些简短的音频,以针对视频中某个特定的画面进行配音。

03 进入【添加音乐】界面后,点击音乐列表右侧的【下载】按钮 ,即可下载相应的音频,如图1-28所示。

04 下载完成后, 按钮会变为【使用】按钮,点击【使用】按钮即可使用该音乐,如图1-29所示。

图 1-26

图 1-27

图 1-28

图 1-29

05 此时新增音频轨道,默认排列在视频轨道下方,如图1-30所示。

06 选中音频轨道,拖动白色边框并将音频轨道缩短到和视频轨道长度一致,如图1-31所示。

图 1-30

图 1-31

1.2.5 导出视频

对视频进行剪辑、润色并添加背景音乐后,可以将其导出保存,或者上传到抖音、头条等App中进行发布。导出的视频通常存储在手机相册中,用户可以随时在相册中打开视频进行预览,或分享给其他人欣赏。

01 在界面右上角点击【导出】按钮,如图1-32所示,剪辑项目开始自动导出,在等待过程中不要锁屏或切换程序。

02 导出完成后,在输出完成界面中可以选择将视频分享至抖音或其他App中,点击【完成】按钮退出界面,如图1-33所示。

03 视频将自动保存到手机相册和剪映草稿中,这里我们在相册中找到导出视频,如图1-34所示。

04 点击视频中的【播放】按钮,即可播放视频,如图1-35所示。

图 1-32

图 1-33

图 1-34

图 1-35

1.3　视频的剪辑处理

　　在剪映中，可以使用分割工具分割素材，使用替换功能替换不适合的素材，使用关键帧控制视频效果，使用防抖和降噪功能消除原始视频的瑕疵，这些都属于视频的基础剪辑操作。

1.3.1　分割视频素材

　　当需要将视频中的某部分删除时，可使用分割工具。此外，如果想调整一整段视频的播放顺序，同样需要先利用分割功能将其分割成多个片段，然后对播放顺序进行调整。

01 在剪映中导入一个视频素材，如图1-36所示。

02 确定起始位置为10秒处，点击【剪辑】按钮，如图1-37所示。

图 1-36　　　　　　　　　　　　　　图 1-37

03 点击【分割】按钮，如图1-38所示。

04 此时原来的一段视频变为两段视频，选中第1段视频，然后点击【删除】按钮将其删除，如图1-39所示。

图 1-38

图 1-39

05▶ 调整时间轴至8秒处，点击【分割】按钮，如图1-40所示。

06▶ 选中第2段视频，然后点击【删除】按钮将其删除，如图1-41所示。

图 1-40

图 1-41

07 最后仅剩8秒左右的视频片段，点击上方的【导出】按钮导出视频，如图1-42所示。

08 在剪映素材库的【照片视频】|【视频】中可以找到导出的8秒视频，如图1-43所示。

图 1-42

图 1-43

1.3.2 复制与替换素材

如果在视频编辑过程中需要多次使用同一个素材，通过多次导入素材操作是一件比较麻烦的事情，而通过复制素材操作，可以有效地节省时间。

在剪映项目中导入一段视频素材，在该素材处于选中状态时，点击底部工具栏中的【复制】按钮，如图1-44所示。

此时在原视频后自动粘贴一段完全相同的素材，如图1-45所示。用户可以编辑复制的第2个视频素材，然后和第1个视频素材进行对比。

在进行视频编辑处理时，如果用户对某个部分的画面效果不满意，若直接删除该素材，可能会对整个剪辑项目产生影响。想要在不影响剪辑项目的情况下换掉不满意的素材，可以通过剪映中的【替换】功能轻松实现。

选中需要进行替换的素材片段，在底部工具栏中点击【替换】按钮，如图1-46所示。进入素材添加界面，点击要替换为的素材，如图1-47所示，即可完成替换。

图 1-44

图 1-45

图 1-46

图 1-47

1.3.3 使用【编辑】功能

如果前期拍摄的画面有些歪斜，或者构图存在问题，那么通过【编辑】功能中的【旋转】【镜像】【裁剪】等工具，可以在一定程度上进行弥补。需要注意的是，除了【镜像】工具，另外两种工具都会或多或少降低画面的分辨率。

01 在剪映中导入一个视频素材，点击【编辑】按钮，如图1-48所示。

02 此时可以看到有3种操作可供选择，分别为【旋转】【镜像】和【裁剪】，点击【裁剪】按钮，如图1-49所示。

图 1-48

图 1-49

03 进入裁剪界面。通过调整白色裁剪框的大小，再加上移动被裁剪的画面，即可确定裁剪位置，如图1-50所示。

04 点击裁剪界面下方的比例按钮，即可固定裁剪框比例进行裁剪，比如选择【16:9】的比例，然后点击✓按钮即可保存该操作，如图1-51所示。

提示：

一旦选定裁剪范围后，整段视频画面均会被裁剪，并且裁剪界面中的静态画面只能是该段视频的第一帧。因此，如果需要对一个片段中画面变化较大的部分进行裁剪，则建议先将该部分截取出来，然后单独导出，再打开剪映，导入该视频进行裁剪操作，这样才能更准确地裁剪出自己喜欢的画面。

图 1-50   图 1-51

05 调节界面下方的【标尺】，即可对画面进行旋转操作，如图1-52所示。对于一些拍摄歪斜的素材，可以通过该功能进行校正。点击【重置】按钮可返回原始状态。

06 点击编辑界面中的【镜像】按钮，视频画面会与原画面形成镜像对称，如图1-53所示。

图 1-52   图 1-53

07 点击【旋转】按钮，则可根据点击的次数，将画面分别旋转90°、180°、270°，这一操作只能调整画面的整体方向，如图1-54所示。

08 导出视频后，可以在手机相册中播放视频，如图1-55所示。

图 1-54   图 1-55

1.3.4 添加关键帧

添加关键帧可以让一些原本非动态的元素在画面中动起来，或者让一些后期增加的效果随时间渐变。

如果在一条轨道上添加了两个关键帧，并且在后一个关键帧处改变了显示效果，如放大或缩小画面，移动图形位置或蒙版位置，修改了滤镜参数等操作，那么在播放两个关键帧之间的轨道时，就会出现第一个关键帧所在位置的效果逐渐转变为第二个关键帧所在位置的效果。

下面制作一个让贴纸移动起来的关键帧动画。

01 在剪映中导入一个视频素材，点击【贴纸】按钮，如图1-56所示。

02 进入贴纸选择界面，选中一张太阳贴纸，然后点击✓按钮确认，如图1-57所示。

图 1-56　　　　　　　　　　　图 1-57

03 调整贴纸轨道，使其与视频轨道的长度一致，如图1-58所示。

04 将太阳贴纸图案缩小并移到画面的左上角，再将时间轴移至该贴纸轨道最左端，点击界面中的■按钮，添加一个关键帧(此时■按钮变为◇按钮)，如图1-59所示。

图 1-58　　　　　　　　　　　图 1-59

05 将时间轴移到贴纸轨道的最右端，然后移动贴纸位置至视频右侧，此时剪映会自动在时间轴所在位置添加一个关键帧，如图1-60所示。

06 点击播放按钮▷，可查看太阳图案逐渐从左侧移到右侧，如图1-61所示。

图 1-60   图 1-61

1.3.5 【防抖】和【降噪】功能

在使用手机录制视频时，在运镜过程中很容易出现画面晃动的问题。使用剪映中的【防抖】功能，可以明显减弱晃动幅度，让画面看起来更加平稳。

使用剪映中的【降噪】功能，可以降低户外拍摄视频时产生的噪声。如果在安静的室内拍摄视频，室内就几乎没有噪声，【降噪】功能还可以明显提高人声的音量。

1. 防抖

若要使用【防抖】功能，首先选中一段视频素材，点击界面下方的【防抖】按钮，进入防抖界面，如图1-62所示。选择防抖的程度，一般设置为【推荐】即可，然后点击☑按钮确认，如图1-63所示。

| 图 1-62 | 图 1-63 |

2. 降噪

若要使用【降噪】功能，首先选中一段视频素材，点击界面下方的【降噪】按钮，如图1-64所示。将界面右下角的【降噪开关】打开，然后点击☑️按钮确认，如图1-65所示。

| 图 1-64 | 图 1-65 |

1.4 变速、定格和倒放视频

　　控制时间线能够对视频产生时间变慢或变快、定格时间或时间倒流等效果，这需要运用剪映中三个控制时速的工具：变速、定格和倒放。

1.4.1 常规变速和曲线变速

　　在制作短视频时，经常需要对素材片段进行变速处理。例如，当录制一些运动中的景物时，如果运动速度过快，那么通过肉眼无法清楚观察到每一个细节，此时可以使用【变速】功能，降低画面中景物的运动速度，形成慢动作效果。而对于一些变化太过缓慢，或者比较单调、乏味的画面，则可以通过【变速】功能适当提高速度，形成快动作效果。

　　剪映中提供了常规变速和曲线变速两种变速功能，使用户能够自由控制视频中的时间速度变化。

01　在剪映中导入视频素材，选中素材后点击【变速】按钮，如图1-66所示。

02　在调速界面点击【常规变速】按钮，如图1-67所示。

图 1-66　　　　　　　　　　图 1-67

03　【常规变速】是对所选的视频进行统一调速，进入变速界面后，拖动滑块至【2x】处，表示2倍快动作，点击✓按钮确认，如图1-68所示。

04　如果选择【曲线变速】，则可以直接使用预设好的速度，为视频中的不同部分添加慢动作或快动作效果。但大多数情况下，都需要使用【自定】选项，根据视频进行手动设置。用户可点击【曲线变速】按钮，进入变速界面，点击【自定】按钮，【自定】按钮区域变为红色后，点击浮现的【点击编辑】文字，即可进入编辑界面，如图1-69所示。

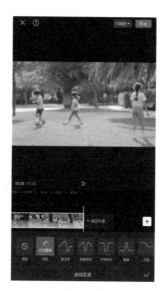

图 1-68　　　　　　　　　　　　图 1-69

05 曲线上的锚点可以上下左右拉动，在空白曲线上可以点击【添加点】按钮添加锚点，如图1-70所示。向下拖动锚点，可形成慢动作效果；适当向上移动锚点，可形成快动作效果。选中并点击【删除点】按钮可以删除锚点，如图1-71所示。最后点击☑按钮确认并导出变速后的视频。

图 1-70　　　　　　　　　　　　图 1-71

1.4.2 制作定格效果

使用【定格】功能可以将一段动态视频中的某个画面凝固下来，从而起到突出某个瞬间的效果。此外，如果定格的时间点和音乐节拍相匹配，则还能使视频具有节奏感。

01 在剪映中导入一个视频素材，调整时间轴至5秒后10f处，选中素材后点击【定格】按钮，如图1-72所示。

02 此时即可自动分割出所选的定格画面，该视频片段保持3秒，如图1-73所示。

图 1-72

图 1-73

03 点击《按钮返回编辑界面，然后点击【音效】按钮，如图1-74所示。

04 在音效界面中选择【机械】音效选项卡，然后点击【拍照声1】选项右侧的【使用】按钮，如图1-75所示。

05 将"拍照声1"音轨调整到合适位置，如图1-76所示。

06 返回编辑界面，然后点击【特效】按钮，如图1-77所示。

图 1-74

图 1-75

图 1-76

图 1-77

07 点击【画面特效】按钮,如图1-78所示。

08 选择【基础】|【变清晰】特效,点击并调整参数,如图1-79所示。

图 1-78   图 1-79

09 点击✅按钮确认,返回编辑界面,调整特效的持续时间,将其缩短到与音效的时长基本一致,如图1-80所示。

10 点击【导出】按钮导出视频,并在手机相册中查看视频,如图1-81所示。

图 1-80   图 1-81

1.4.3　倒放视频

【倒放】功能可以让视频从后往前播放。当视频记录随时间发生变化的画面时，如花开花落、覆水难收等场景等，应用此功能可以营造出一种时光倒流的视觉效果。

例如，首先在剪映中选中一个倒牛奶的视频，点击【倒放】按钮，如图1-82所示。待倒放处理完毕后，点击【播放】按钮，即可播放牛奶从杯子里倒流入瓶子里的效果，如图1-83所示。

图 1-82　　　　　　　　　　　　　　　图 1-83

1.5　使用画中画和蒙版功能

【画中画】功能可以让一个视频画面中出现多个不同的画面，更重要的是该功能可以形成多条视频轨道，再结合【蒙版】功能，便能控制视频局部画面的显示效果。

1.5.1　使用【画中画】功能

画中画，字面上的意思就是使画面中再次出现一个画面，通过【画中画】功能，不仅能使两个画面同步播放，还能实现简单的画面合成操作。

01 在剪映中导入一个图片素材，如图1-84所示。

02 导入图片后，不选中轨道，然后点击【画中画】按钮，如图1-85所示。

图 1-84

图 1-85

03 点击【新增画中画】按钮，如图1-86所示。
04 选中一个视频素材，然后点击【添加】按钮，如图1-87所示。

图 1-86

图 1-87

05 将图片和视频轨道调整一致，如图1-88所示。

06 点击【导出】按钮导出视频，可以在手机相册中查看视频，如图1-89所示。

<table>
<tr><td>图 1-88</td><td>图 1-89</td></tr>
</table>

1.5.2 添加蒙版

蒙版可以轻松地遮挡或显示部分画面，剪映提供了多种形状的蒙版，如镜面、圆形、星形等。

如果使用【画中画】创建多个视频轨道，再结合【蒙版】功能，就可以控制画面局部的显示效果。

01 在剪映中导入一个视频素材，点击【画中画】按钮，如图1-90所示。

02 点击【新增画中画】按钮，如图1-91所示。

图 1-90

图 1-91

03 添加一个视频素材，此时有2个轨道视频，调整轨道时间，使二者的长度一致，如图1-92所示。

04 选中下方轨道，点击【蒙版】按钮，如图1-93所示。

图 1-92

图 1-93

05▶ 选中【圆形】蒙版，然后在视频上拖动↕和↔控件来控制圆的位置和大小，拖动❤控件来控制圆的羽化效果，点击☑按钮确认，如图1-94所示。

06▶ 点击【导出】按钮导出视频，可以在手机相册中查看视频，如图1-95所示。

图 1-94

图 1-95

> **提示：**
>
> 　　在剪映中有"层级"的概念，其中主视频轨道为0级，每多一条画中画轨道就会多一个层级。它们之间的覆盖关系是，层级数值大的轨道覆盖层级数值小的轨道，也就是"1级"覆盖"0级"，"2级"覆盖"1级"，以此类推。选中一条画中画视频轨道，点击界面下方的【层级】选项，即可设置该轨道的层级。剪映默认处于下方的视频轨道会覆盖处于上方的视频轨道。由于画中画轨道可以设置层级，因此改变层级即可决定显示哪条轨道上的画面。

1.5.3　实现一键抠图

　　在剪映中，使用【智能抠像】功能可以快速将人物从画面中抠取出来，从而进行替换人物背景等操作。使用【色度抠图】功能可以将【绿幕】或【蓝幕】下的景物快速抠取出来，以方便进行视频图像的合成。

1. 使用【智能抠像】快速抠出人物

【智能抠像】功能的使用方法非常简单，只需选中画面中有人物的视频即可抠出人物，去除背景。

01 在【素材库】中选中视频，然后点击【添加】按钮，如图1-96所示。

02 点击【画中画】按钮，如图1-97所示。

图 1-96

图 1-97

03 点击【新增画中画】按钮，如图1-98所示。

04 选中【照片视频】列表中的一段跳舞视频并单击【添加】按钮，如图1-99所示。

图 1-98

图 1-99

05 选中导入的跳舞视频轨道后，点击【智能抠像】按钮，如图1-100所示。

06 等待片刻后抠像完毕，调整两条轨道的长度，使二者一致，然后导出视频，如图1-101所示。

图 1-100　　　　　　　　　　　图 1-101

2. 使用【色度抠图】快速抠出绿幕中的素材

使用【色度抠图】功能时，只需选择要抠出的颜色，再对颜色的强度和阴影进行调节，即可抠出不需要的颜色。

比如要抠出绿幕背景下的飞机，可以先导入一段天空素材，点击【画中画】|【新增画中画】按钮，如图1-102所示。在【素材库】中选择一个飞机绿幕素材并导入，如图1-103所示。

图 1-102　　　　　　　　　　图 1-103

选中飞机绿幕素材视频轨道后,点击【色度抠图】按钮,如图1-104所示。

预览区域会出现一个取色器,拖曳取色器至需要抠出颜色(绿色)的位置,如图1-105所示。

图 1-104   图 1-105

调整【强度】和【阴影】均为100,如图1-106所示,确认后即可消除绿幕背景。

图 1-106

1.6　使用背景画布功能

在进行视频编辑工作时,若素材画面没有铺满屏幕,则会对视频观感造成影响。在剪映中可以通过【背景】功能来实现添加彩色、自定义、模糊画布等操作,以丰富视频画面效果。

1.6.1　添加纯色画布

要想在不丢失画面内容的情况下使画布被铺满,可以使用工具栏中的【背景】功能添加纯色画布。

01 导入一段横画幅视频，不选中轨道，点击【比例】按钮，如图1-107所示。
02 选中【9:16】比例选项，此时出现上下黑边，如图1-108所示。

图 1-107   图 1-108

03 点击 按钮确认后，不选中轨道，点击【背景】按钮，如图1-109所示。
04 点击【画布颜色】按钮，如图1-110所示。

图 1-109   图 1-110

05 在【画布颜色】选项栏中点击一种颜色，然后点击 按钮确认，即可铺满纯色画布，如图1-111所示。

06 也可点击 按钮，出现吸取器后，吸取任意颜色作为画布颜色，如图1-112所示。

图 1-111　　　　　图 1-112

07 或者点击 按钮，打开调色板，点击选取一种颜色，再点击 按钮确认，如图1-113所示。

08 此时可以查看背景画布颜色，点击 按钮确认即可，如图1-114所示。

图 1-113　　　　　图 1-114

1.6.2 选择画布样式

在剪映中，用户除了可以为素材设置纯色画布，还可以应用画布样式营造个性化视频效果。

01 在【背景】界面中点击【画布样式】按钮，如图1-115所示。

02 在【画布样式】选项中点击一种样式，然后点击✓按钮确认，如图1-116所示。

图 1-115   图 1-116

03 或者点击 按钮，打开照片视频列表，点击选择所需图片，如图1-117所示。

04 此时以图片为背景作为画布，如图1-118所示。

图 1-117   图 1-118

剪映视频 剪辑与创作一本通(手机版+电脑版)

提示：

如果要取消画布应用效果，在【画布样式】选项栏中点击🚫按钮即可。

1.6.3　设置画布模糊

用户还可以通过设置【画布模糊】以达到增强和丰富画面动感的效果。首先返回【背景】界面，点击【画布模糊】按钮，如图1-119所示，然后点击选择不同程度的模糊画布效果，如图1-120所示。

图 1-119

图 1-120

第2章

在视频中添加调色效果

　　如今人们的眼光越来越高，拍摄的视频如果色彩单调，则可能无人观看和点赞。使用剪映编辑短视频时，使用各种调色工具创造出想要的色彩效果，才能让视频更加出彩。

2.1 调色工具的基本操作

调色是视频编辑时不可或缺的一项调整操作，画面颜色在一定程度上能决定作品的好坏。利用剪映的【调节】功能中的各种工具，用户可以自定义各种色彩参数，也可以添加滤镜以快速应用多种色彩。

2.1.1 使用【调节】功能手动调色

【调节】功能的主要作用是调整画面的亮度和色彩，调节画面亮度时，不仅可以调节画面明暗度，还可以单独对画面中的亮部和暗部进行调整，使视频的影调更加细腻且有质感。【调节】功能主要包含【亮度】【对比度】【饱和度】【色温】等选项，下面对主要选项进行介绍。

🌛 亮度：用于调整画面的明亮程度。该数值越大，画面越明亮。

🌛 对比度：用于调整画面黑与白的比值。该数值越大，从黑到白的渐变层次就越多，色彩表现也越丰富。

🌛 饱和度：用于调整画面色彩的鲜艳程度。该数值越大，画面色彩越鲜艳。

🌛 锐化：用来调整画面的锐化程度。该数值越大，画面细节越丰富。

🌛 高光/阴影：用来改善画面中的高光或阴影部分。

🌛 色温：用来调整画面中色彩的冷暖倾向。该数值越大，画面越偏向暖色；该数值越小，画面越偏向冷色。

🌛 色调：用来调整画面中颜色的倾向。

🌛 褪色：用来调整画面中颜色的附着程度。

01 在剪映中导入并选中一个视频素材，点击【调节】按钮，如图2-1所示。

02 打开调节选项栏，点击【亮度】按钮，调整下方滑块数值为15，如图2-2所示。

图 2-1　　　　　　　　　图 2-2

03 点击【对比度】按钮，调整下方滑块数值为5，如图2-3所示。

04 点击【饱和度】按钮，调整下方滑块数值为15，如图2-4所示。

图 2-3   图 2-4

05 点击【锐化】按钮，调整下方滑块数值为50，如图2-5所示。

06 点击【高光】按钮，调整下方滑块数值为-20，如图2-6所示。

图 2-5   图 2-6

07 点击【阴影】按钮，调整下方滑块数值为-15，如图2-7所示。

08 点击【色温】按钮，调整下方滑块数值为-30，如图2-8所示。

图 2-7　　　　　　　　　　　　图 2-8

09 点击【色调】按钮，调整下方滑块数值为-20，设置完毕后点击 ✓ 按钮确认，如图2-9所示。

10 点击视频轨道下方的【添加音频】文字，再点击【音乐】按钮，如图2-10所示。

图 2-9　　　　　　　　　　　　图 2-10

11 选择音乐库中的一首短曲后，点击【使用】按钮，如图2-11所示。

12 添加音轨后，调整音频轨道和视频轨道长度一致，如图2-12所示，然后导出视频。

图 2-11

图 2-12

2.1.2 使用【滤镜】功能一键调色

与【调节】功能需要仔细调节多个参数才能获得预期效果不同，利用【滤镜】功能可一键调出唯美的色调。

首先选中一个视频片段，点击【滤镜】按钮，如图2-13所示。用户可以从多个分类下选择喜欢的滤镜效果，例如选中【夜景】|【红绿】滤镜选项，然后调节下面的滑块来调整滤镜的强度，最后点击✓按钮确认，如图2-14所示。

> 提示：
> 选中一个视频片段，点击【滤镜】按钮为其添加第一个滤镜时，该效果会自动应用到整个所选片段，并且不会出现滤镜轨道。

图 2-13 　　　　　　　　　　　　　　　　图 2-14

　　如果在没有选中任何视频片段的情况下，点击【滤镜】按钮并添加滤镜，如图2-15所示，此时则会出现滤镜轨道，需要控制滤镜轨道的长度和位置来确定施加滤镜效果的区域，如图2-16所示，第二个轨道即为【樱粉】滤镜效果的轨道。

图 2-15 　　　　　　　　　　　　　　　　图 2-16

2.2 对人像进行调色

对人像照片或视频进行调色，可以使画面中人的肤色美白靓丽，清新通透。此外利用【美颜】等功能可以一键美白人像，使新手达到秒变"美颜大师"的水准。

2.2.1 调出美白肤色

当拍摄的人像视频画面比较暗淡，可以在剪映中调出清透美白的肤色，让人像视频更加清新靓丽。

01 在剪映中导入一个视频素材，不选中轨道，点击【滤镜】按钮，如图2-17所示。

02 在滤镜界面中选中【人像】|【净透】选项，并调整下面滑块数值至90，点击 ✓ 按钮确认，如图2-18所示。

图 2-17

图 2-18

03 点击 ‹ 按钮返回上一级菜单，如图2-19所示。

04 点击【新增调节】按钮，如图2-20所示。

图 2-19　　　　　　　图 2-20

05 点击【亮度】按钮，调整下方滑块数值为10，如图2-21所示。
06 点击【对比度】按钮，调整下方滑块数值为10，如图2-22所示。

图 2-21　　　　　　　图 2-22

07 点击【饱和度】按钮，调整下方滑块数值为5，如图2-23所示。

08 点击【光感】按钮，调整下方滑块数值为8，如图2-24所示。

图 2-23 图 2-24

09 点击【高光】按钮，调整下方滑块数值为15，如图2-25所示。

10 点击【色温】按钮，调整下方滑块数值为-10，如图2-26所示。

图 2-25 图 2-26

11 点击【色调】按钮，调整下方滑块数值为-20，点击✓按钮确认，如图2-27所示。

12 此时界面中显示添加了【净透】和【调节1】轨道，调整这两条轨道与视频轨道长度一致，如图2-28所示。

图 2-27   图 2-28

13 点击视频轨道下方的【添加音频】文字，再点击【音乐】按钮，如图2-29所示。

14 在音乐库中点击【抖音】图标，如图2-30所示。

图 2-29   图 2-30

15 选择音乐库中的一首短曲后，点击【使用】按钮，如图2-31所示。

16 添加音轨后，调整音频轨道和视频轨道长度一致，如图2-32所示，然后导出视频。

图 2-31

图 2-32

2.2.2 人像磨皮瘦脸

用户可以使用剪映内置的【美颜美体】功能对面部进行磨皮及瘦脸处理，对人像的面部进行一些美化处理，可以使人像视频更显魅力。

选中素材轨道后，点击【美颜美体】按钮，如图2-33所示。美颜选项里提供了【智能美颜】【智能美体】【手动美体】三个选项按钮，如图2-34所示。点击不同按钮，可以进入对应的选项设置，点击其中的选项按钮，并调整相关参数即可快速完成磨皮、美白、瘦脸、瘦体等智能处理。

例如，点击【智能美颜】按钮后，出现【磨皮】【瘦脸】【大眼】【瘦鼻】【美白】【白牙】六个按钮，点击其中的【瘦脸】按钮，然后调整下面的滑块至最右边(数值最大)，可看到如图2-35所示的人脸变瘦成如图2-36所示的人脸。

图 2-33

图 2-34

图 2-35

图 2-36

2.3 对景物进行调色

　　使用剪映中的滤镜和调节功能，可让视频中的不同景色呈现与众不同的效果，包括橙蓝反差的夜景调色、古色古香的建筑调色、鲜艳欲滴的花卉调色、纯洁干净的海天调色等。

2.3.1 橙蓝夜景调色

　　由于灯光和昏暗夜色环境等因素，橙蓝反差的效果很适合夜景调色，这种调色能大大提升视频的质感和色彩表现力。

01 在剪映中导入一个视频素材后，点击【滤镜】按钮，如图2-37所示。

02 选择【精选】|【橙蓝】滤镜，调整下方滑块数值为90，点击✔按钮确认，如图2-38所示。

图 2-37

图 2-38

03 返回上一级菜单，然后点击【新增调节】按钮，如图2-39所示。

04 点击【对比度】按钮，调整下方滑块数值为20，如图2-40所示。

05 点击【色温】按钮，调整下方滑块数值为-15，如图2-41所示。

06 点击【色调】按钮，调整下方滑块数值为50，深化蓝色效果，如图2-42所示。

图 2-39

图 2-40

图 2-41

图 2-42

07 点击【饱和度】按钮，调整下方滑块数值为20，点击✅按钮确认，如图2-43所示。

08 调整三条轨道长度一致，然后点击《按钮返回编辑界面，导出视频，如图2-44所示。

图 2-43

图 2-44

09 将原视频和导出视频打开，比较前后效果，如图2-45(原视频)和图2-46(导出视频)所示。

图 2-45

图 2-46

2.3.2　古风建筑调色

一般中国古建筑适合古色古香的古风色调，这种色调能让暗淡的建筑变得明亮。

01 在剪映中导入一个视频素材，点击【滤镜】按钮，如图2-47所示。

02 选择【风景】|【橘光】滤镜，调整下方滑块数值为60，点击✔按钮确认，如图2-48所示。

图 2-47　　　　　　　　　　　图 2-48

03 点击《按钮返回上一级菜单，如图2-49所示。

04 点击【新增调节】按钮，如图2-50所示。

图 2-49　　　　　　　　　　　图 2-50

05 点击【亮度】按钮，调整下方滑块数值为15，如图2-51所示。

06 点击【对比度】按钮，调整下方滑块数值为15，如图2-52所示。

图 2-51   图 2-52

07 点击【饱和度】按钮，调整下方滑块数值为10，如图2-53所示。

08 点击【光感】按钮，调整下方滑块数值为10，如图2-54所示。

图 2-53   图 2-54

09 点击【锐化】按钮，调整下方滑块数值为30，如图2-55所示。

10 点击【色温】按钮，调整下方滑块数值为-15，如图2-56所示。

图 2-55   图 2-56

11 点击【色调】按钮，调整下方滑块数值为10，点击 ✓ 按钮确认，如图2-57所示。

12 此时界面中显示添加了【橘光】和【调节1】轨道，调整这两条轨道和视频轨道长度一致，并导出视频，如图2-58所示。

图 2-57   图 2-58

13 将原视频和导出视频打开，比较前后效果，如图2-59(原视频)和图2-60(导出视频)所示。

图 2-59   图 2-60

2.3.3 明艳花卉调色

对于鲜花的调色，主要是为了让原本色彩偏素淡的花朵变得娇艳欲滴，调色后的画面色调偏暖色调，且更加清晰透亮。

01 在剪映中导入一个视频素材，点击【滤镜】按钮，如图2-61所示。

02 选择【风景】|【晚樱】滤镜，调整下方滑块数值为80，点击✓按钮确认，如图2-62所示。

图 2-61   图 2-62

03 点击《按钮返回上一级菜单，如图2-63所示。
04 点击【新增调节】按钮，如图2-64所示。

图 2-63　　　　　　　　　　图 2-64

05 点击【亮度】按钮，调整下方滑块数值为5，如图2-65所示。
06 点击【对比度】按钮，调整下方滑块数值为10，如图2-66所示。

图 2-65　　　　　　　　　　图 2-66

07 点击【饱和度】按钮，调整下方滑块数值为10，如图2-67所示。
08 点击【光感】按钮，调整下方滑块数值为-10，如图2-68所示。

图 2-67

图 2-68

09 点击【锐化】按钮，调整下方滑块数值为30，如图2-69所示。
10 点击【色温】按钮，调整下方滑块数值为-10，如图2-70所示。

图 2-69

图 2-70

11 点击【色调】按钮，调整下方滑块数值为15，点击✅按钮确认，如图2-71 所示。

12 此时界面中显示添加了【晚樱】和【调节1】轨道，调整这两条轨道和视频轨 道长度一致，并导出视频，如图2-72所示。

图 2-71

图 2-72

13 将原视频和导出视频打开，比较前后效果，如图2-73(原视频)和图2-74(导出视 频)所示。

图 2-73

图 2-74

2.3.4 纯净海天调色

蓝天白云和大海(水面)是常用的视频景色，用户可以将视频背景调色为纯洁干净的背景，让人看了心旷神怡，这是一种万能调色方案。

01 在剪映中导入一个视频素材，点击【滤镜】按钮，如图2-75所示。

02 选择【风景】|【晴空】滤镜，调整下方滑块数值为80，点击✅按钮确认，如图2-76所示。

图 2-75   图 2-76

03 点击《按钮返回上一级菜单，如图2-77所示。

04 点击【新增调节】按钮，如图2-78所示。

图 2-77   图 2-78

05 ▶ 点击【亮度】按钮，调整下方滑块数值为15，如图2-79所示。
06 ▶ 点击【对比度】按钮，调整下方滑块数值为5，如图2-80所示。

图 2-79 　　　　　　　　　　　　　　图 2-80

07 ▶ 点击【饱和度】按钮，调整下方滑块数值为10，如图2-81所示。
08 ▶ 点击【锐化】按钮，调整下方滑块数值为40，如图2-82所示。

图 2-81 　　　　　　　　　　　　　　图 2-82

09 点击【色温】按钮，调整下方滑块数值为-30，点击✔按钮确认，如图2-83所示。

10 此时界面中显示添加了【晴空】和【调节1】轨道，调整这两条轨道和视频轨道长度一致，并导出视频，如图2-84所示。

图 2-83

图 2-84

11 将原视频和导出视频打开，比较前后效果，如图2-85(原视频)和图2-86(导出视频)所示。

图 2-85

图 2-86

2.4 使用日系、港系、赛博系色调

日系色调偏青橙清新，港系色调偏复古怀旧，赛博系色调迷幻硬派，这些特殊色系深受广大文艺青年的喜爱。

2.4.1 青橙透明的日系色调

青橙色调是日系色调中最常见的一种类型，很适合调节风光视频的色彩。这种色调让人看了心旷神怡。

01 在剪映中导入一个视频素材，点击【滤镜】按钮，如图2-87所示。

02 选择【风景】|【京都】滤镜，调整下方滑块数值为80，点击✓按钮确认，如图2-88所示。

图 2-87

图 2-88

03 点击《按钮返回上一级菜单，如图2-89所示。

04 点击【新增滤镜】按钮，如图2-90所示。

05 选择【风景】|【柠青】滤镜，调整下方滑块数值为80，点击✓按钮确认，如图2-91所示。

06 调整三条轨道长度一致，然后点击《按钮返回上一级菜单，如图2-92所示。

图 2-89

图 2-90

图 2-91

图 2-92

07 点击【新增调节】按钮，如图2-93所示。

08 点击【对比度】按钮，调整下方滑块数值为10，如图2-94所示。

图 2-93

图 2-94

09 点击【饱和度】按钮，调整下方滑块数值为10，如图2-95所示。

10 点击【色温】按钮，调整下方滑块数值为-10，如图2-96所示。

图 2-95

图 2-96

11 点击【色调】按钮，调整下方滑块数值为-50，点击☑按钮确认，如图2-97所示。

12 此时界面中显示添加了三条轨道，调整这三条轨道和视频轨道长度一致，并导出视频，如图2-98所示。

图 2-97

图 2-98

13 将原视频和导出视频打开，比较前后效果，如图2-99(原视频)和图2-100(导出视频)所示。

图 2-99

图 2-100

2.4.2 复古港风色调

　　若要在街景视频中调出复古港风色调，可以使用剪映提供的【港风】滤镜，并在此基础上添加颗粒、褪色效果等，使其更具怀旧复古风。

01 在剪映中导入一个视频素材，点击【滤镜】按钮，如图2-101所示。

69

02 ▶ 选择【复古胶片】|【港风】滤镜，调整下方滑块数值为100，点击✔按钮确认，如图2-102所示。

图 2-101　　　　　　　　　　图 2-102

03 ▶ 点击《按钮返回上一级菜单，如图2-103所示。
04 ▶ 点击【新增滤镜】按钮，如图2-104所示。

图 2-103　　　　　　　　　　图 2-104

05 选择【影视级】|【月升之国】滤镜，调整下方滑块数值为80，点击 按钮确认，如图2-105所示。

06 调整三条轨道长度一致，然后点击 按钮返回上一级菜单，如图2-106所示。

图 2-105

图 2-106

07 点击【新增调节】按钮，如图2-107所示。

08 点击【光感】按钮，调整下方滑块数值为20，如图2-108所示。

图 2-107

图 2-108

09 点击【色温】按钮，调整下方滑块数值为15，如图2-109所示。

10 点击【褪色】按钮，调整下方滑块数值为30，如图2-110所示。

图 2-109　　　　　　　　　　　图 2-110

11 点击【颗粒】按钮，调整下方滑块数值为60，点击✔按钮确认，如图2-111所示。

12 此时界面中显示添加了三条轨道，调整这三条轨道和视频轨道长度一致，并导出视频，如图2-112所示。

图 2-111　　　　　　　　　　　图 2-112

13 将原视频和导出视频打开，比较前后效果，如图2-113(原视频)和图2-114(导出视频)所示。

图 2-113

图 2-114

2.4.3　渐变赛博系色调

赛博朋克色调偏向于冷色调，主要由蓝色和洋红色构成。在剪映中利用【关键帧】功能，可以使视频呈现从普通色调渐变为赛博系色调的效果。

01 在剪映中导入一个视频素材，选中视频轨道，点击◇按钮添加关键帧，此时视频开头出现红色箭头关键帧符号，如图2-115所示。

02 拖曳时间轴至视频末尾处，点击◇按钮添加关键帧，然后点击【滤镜】按钮，如图2-116所示。

图 2-115

图 2-116

03 选择【风格化】|【赛博朋克】滤镜，调整下方滑块数值为100，点击☑按钮确认，如图2-117所示。

04 点击【调节】按钮，如图2-118所示。

图 2-117　　　　　　　　　图 2-118

05 点击【饱和度】按钮，调整下方滑块数值为-10，如图2-119所示。

06 点击【光感】按钮，调整下方滑块数值为-7，如图2-120所示。

图 2-119　　　　　　　　　图 2-120

07 点击【色温】按钮，调整下方滑块数值为-15，如图2-121所示。

08 点击【色调】按钮，调整下方滑块数值为20，如图2-122所示。

图 2-121

图 2-122

09 点击【颗粒】按钮，调整下方滑块数值为10，点击✓按钮确认，如图2-123所示。

10 拖曳时间轴至视频起始位置，点击【滤镜】按钮，如图2-124所示。

图 2-123

图 2-124

11 保持原有滤镜选项，调整下方滑块数值为0，点击✔按钮确认，如图2-125所示。

12 返回视频轨道界面，查看并导出视频，如图2-126所示。

图 2-125   图 2-126

13 将原视频和导出视频打开，比较前后效果，如图2-127(原视频)和图2-128(导出视频)所示。

图 2-127   图 2-128

第3章

在视频中添加特效

　　剪映拥有非常丰富的特效工具,使用恰当的特效可以突出画面的重点和视频节奏。结合特效工具,用户可以制作多个镜头之间的酷炫转场效果,让视频镜头之间的衔接更为流畅、自然。

3.1　添加常用特效

　　剪映为广大短视频制作者提供了丰富酷炫的视频特效，能够帮助他们轻松实现马赛克、纹理、炫光、分屏、漫画等视觉效果。

3.1.1　认识特效界面

　　在剪映中添加视频特效的方法非常简单，在创建剪辑项目并添加视频素材后，将时间轴定位至需要出现特效的时间点，在未选中素材的状态下，点击底部工具栏中的【特效】按钮，如图3-1所示。此时出现两个选项按钮，分别是【画面特效】和【人物特效】按钮，这里点击【画面特效】按钮进入特效选项栏，如图3-2所示。

图 3-1

图 3-2

　　在特效选项栏中，通过滑动操作可以预览特效类别。默认情况下，视频素材不具备特效效果，用户在特效选项栏中点击任意一种效果，可将其应用至视频素材，如图3-3所示。继续点击已选中特效按钮上面浮现的【设置参数】文字，即可打开各特效的参数界面，调整滑块数值设置参数，如图3-4所示。

　　若不再需要特效，点击◙按钮即可取消特效的应用。

图 3-3　　　　　　　　　图 3-4

3.1.2　制作梦幻风景

如果想让自己拍摄的风景类视频更加与众不同，用户可以在画面中添加一些粒子或光效效果，营造画面的梦幻感。

01 在剪映中导入一个视频素材，不选中轨道，点击【特效】按钮，如图3-5所示。

02 点击【画面特效】按钮，如图3-6所示。

图 3-5　　　　　　　　　图 3-6

03 点击【氛围】|【星河】按钮，并点击【调整参数】文字，如图3-7所示。
04 设置【星河】特效的参数，设置完毕后点击☑按钮确认，如图3-8所示。

图 3-7　　　　　　　　　　图 3-8

05 将【星河】特效轨道拉长至与视频轨道长度一致，如图3-9所示。
06 返回第一级界面，点击【音频】按钮，如图3-10所示。

图 3-9　　　　　　　　　　图 3-10

07 点击【音效】按钮，如图3-11所示。

08 选择【魔法】|【仙尘】音效，点击【使用】按钮，如图3-12所示。

图 3-11 图 3-12

09 返回第一级界面，点击【导出】按钮导出视频，如图3-13所示。

10 在手机相册中打开视频进行查看，如图3-14所示。

图 3-13 图 3-14

3.1.3 变身漫画人物

　　剪映可以为图片素材添加漫画效果。图片导入剪映中后，会自动形成3秒静止的视频格式，利用漫画等特效可以让静止的画面动起来，使现实人物一瞬间变身为漫画中人。

01 在剪映中导入一幅图片素材，选中轨道后，点击【复制】按钮，如图3-15所示。

02 此时自动粘贴一个3秒的视频，点击【音频】按钮，如图3-16所示。

图 3-15　　　　　　　　　　图 3-16

03 点击【音效】按钮，如图3-17所示。

04 选择【转场】|【嗖】音效，点击【使用】按钮，如图3-18所示。

图 3-17　　　　　　　　　　图 3-18

05 将音效轨道放置在第2段视频开始处，如图3-19所示。

06 选中第2段视频轨道，点击【抖音玩法】按钮，如图3-20所示。

图 3-19   图 3-20

07 点击【港漫】效果，画面中人物变为漫画人物，点击✓按钮确认，如图3-21所示。

08 选中第1段视频轨道，点击【动画】按钮，如图3-22所示。

图 3-21   图 3-22

09 点击【出场动画】按钮，如图3-23所示。

10 选中【旋转】效果，调整下方滑块数值为1秒，点击☑️按钮确认，如图3-24所示。

图 3-23 图 3-24

11 返回第一级界面，点击【特效】按钮，如图3-25所示。

12 点击【画面特效】按钮，如图3-26所示。

图 3-25 图 3-26

13 选择【Bling】|【圣诞星光】特效，点击【调整参数】文字，调整下方滑块数值，然后点击✓按钮确认，如图3-27所示。

14 返回界面后，保持特效轨道时长和第2段视频轨道一致，点击【导出】按钮导出视频，如图3-28所示。

图 3-27　　　　　　　　图 3-28

15 打开视频显示漫画变身效果，如图3-29和图3-30所示。

图 3-29　　　　　　　　图 3-30

3.1.4 叠加多重特效

一段视频不止可以添加一重特效。剪映还提供了多重特效轨道，可以将这些特效叠加在视频轨道上。不过用户需要选择恰当、合适的特效叠加，否则可能会产生"1+1"小于"2"的效果。

01 在剪映中导入一个视频素材，点击【特效】按钮，如图3-31所示。

02 点击【画面特效】按钮，如图3-32所示。

图 3-31　　　　　　　　　　图 3-32

03 选择【基础】|【变彩色】特效，点击【调整参数】文字，调整下方滑块数值，点击☑按钮确认，如图3-33所示。

04 返回上一级界面，再次点击【画面特效】按钮，如图3-34所示。

图 3-33　　　　　　　　　　图 3-34

05 选择【氛围】|【水墨晕染】特效，点击【调整参数】文字，调整下方滑块数值，点击✔按钮确认，如图3-35所示。

06 此时显示两个特效叠加到视频轨道上，如图3-36所示。

| 图 3-35 | 图 3-36 |

07 依次点击《按钮和〈按钮返回初始界面，点击【画中画】按钮，如图3-37所示。

08 点击【新增画中画】按钮，如图3-38所示。

| 图 3-37 | 图 3-38 |

09 选择一个视频并导入，选中该视频轨道后，点击【编辑】按钮，如图3-39所示。

10 点击【裁剪】按钮，如图3-40所示。

图 3-39　　　　　　　　　　图 3-40

11 调整裁剪框大小，点击✓按钮确认，如图3-41所示。

12 裁剪后的视频如图3-42所示。

图 3-41　　　　　　　　　　图 3-42

13 点击多次返回按钮返回初始界面，点击【特效】按钮，如图3-43所示。

14 点击【画面特效】按钮，如图3-44所示。

图 3-43　　　　　　　　　　图 3-44

15 选择【氛围】|【雪花细闪】特效，点击【调整参数】文字，调整下方滑块数值，点击✔按钮确认，如图3-45所示。

16 添加第3个特效，默认选中特效后，点击【作用对象】按钮，如图3-46所示。

图 3-45　　　　　　　　　　图 3-46

17 选中【画中画】选项，点击✓按钮确认，如图3-47所示。

18 此时第3个特效只应用在画中画的视频上，导出视频，如图3-48所示。

图 3-47 图 3-48

19 打开视频后显示添加多重特效后的效果，如图3-49所示。

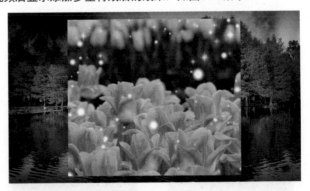

图 3-49

3.2 使用动画贴纸功能

　　动画贴纸功能是如今许多短视频编辑类软件中的必备功能，在视频上添加静态或动态的贴纸，不仅可以起到较好的遮挡作用(类似于马赛克)，还能让视频画面看上去更加炫酷。

3.2.1 添加普通贴纸

在剪映的剪辑项目中添加视频或图像素材后，在未选中素材的状态下，点击底部工具栏中的【贴纸】按钮，如图3-50所示。在打开的贴纸选项栏中可以看到几十种不同类型的动画贴纸，选中后点击按钮即可应用在素材上，如图3-51所示。

图 3-50 图 3-51

普通贴纸在这里特指贴纸选项栏中没有动态效果的贴纸素材，比如【emoji】类别下的表情符号贴纸，如图3-52所示，贴纸效果如图3-53所示。

图 3-52 图 3-53

　　虽然贴纸本身不会产生动态效果，但用户可以自行为贴纸素材设置动画。设置贴纸动画的方法很简单，在轨道区域中选中贴纸素材，然后点击底下的【动画】按钮，如图3-54所示。在打开的贴纸动画选项栏中可以为贴纸设置【入场动画】【出场动画】和【循环动画】，并可以对动画效果的播放时长进行调整，如图3-55所示。

图 3-54　　　　　　　　　　　　图 3-55

3.2.2　添加自定义贴纸

　　剪映还支持用户在剪辑项目中添加自定义贴纸，可进一步满足用户的创作需求。添加自定义贴纸的方法很简单，在贴纸选项栏中点击最左侧的 按钮，如图3-56所示，即可打开素材添加界面(手机相册中的照片或视频)，选取贴纸元素添加至剪辑项目中，如图3-57所示。导入后可以设置贴纸，步骤和设置普通贴纸一致。

图 3-56　　　　　　　　　　　　图 3-57

3.2.3　添加特效贴纸

特效贴纸在这里特指贴纸选项栏中自带动态效果的贴纸素材，如炸开粒子素材、情绪动画素材等，如图3-58和图3-59所示。相对于普通贴纸来说，特效贴纸由于自带动画效果，因此具备更高的趣味性和动态感，对于丰富视频画面来说是不错的选择。

图 3-58　　　　　　　　　　　　　图 3-59

3.2.4　添加边框贴纸

边框贴纸，顾名思义就是在画面上添加一个边框效果。在剪映的贴纸选项栏中，选择【边框】选项卡，即可在贴纸列表中看到不同类型的边框贴纸素材，如图3-60所示，选中一款贴纸即可将其插入画面中，如图3-61所示。

图 3-60　　　　　　　　　　　　　图 3-61

下面介绍一个使用各类贴纸的实例,帮助大家掌握使用贴纸的操作方法。

01 在剪映中导入一个图像素材,不选中素材,点击【贴纸】按钮,如图3-62所示。

02 选中【脸部装饰】列表中的一个静态羞红贴纸后,贴纸显示在视频中,如图3-63所示。

图 3-62　　　　　　　　图 3-63

03 拖曳贴纸右下角的 ▣ 按钮,调整贴纸的大小和旋转角度,并将贴纸放置在脸上,如图3-64所示。

04 点击贴纸右上角的 ✎ 按钮,进入设置贴纸动画界面,选中【入场动画】|【渐显】效果,设置滑块数值,然后点击 ✓ 按钮确认,如图3-65所示。

图 3-64　　　　　　　　图 3-65

05 返回上一级界面，不选中素材，点击【添加贴纸】按钮，如图3-66所示。
06 选中【爱心】列表中的一个动态爱心贴纸，如图3-67所示。

图 3-66　　　　　　　　　　图 3-67

07 拖曳贴纸右下角的■按钮，调整贴纸的大小和旋转角度，并将贴纸放置在合适位置，然后点击✓按钮确认，如图3-68所示。
08 返回上一级界面，不选中素材，点击【添加贴纸】按钮，如图3-69所示。

图 3-68　　　　　　　　　　图 3-69

09 选中【边框】列表中的一个边框贴纸，设置贴纸的合适大小和位置，然后点击 ✓ 按钮确认，如图3-70所示。

10 返回初始界面，点击【特效】按钮，如图3-71所示。

图 3-70　　　　　　　　图 3-71

11 点击【画面特效】按钮，如图3-72所示。

12 选择【综艺】|【手电筒】特效，点击【调整参数】文字，调整下方滑块数值，点击 ✓ 按钮确认，如图3-73所示。

图 3-72　　　　　　　　图 3-73

13 添加特效后，点击【导出】按钮导出视频，如图3-74所示。
14 在手机相册中播放导出的视频，如图3-75所示。

图 3-74   图 3-75

3.3   应用转场效果

　　视频转场也称视频过渡或视频切换，使用转场效果可以使一个场景平缓且自然地转换到下一个场景，同时可以极大地增加影片的艺术感染力。使用合适的转场可以改变视角，推进故事的进行，避免两个镜头之间产生突兀的跳动。在剪映中，转场主要分为基础、特效、幻灯片、遮罩、运镜等不同类型。

3.3.1   基础转场

　　在轨道区域中添加多个素材之后，通过点击素材中间的▯按钮，可以打开转场选项栏，如图3-76所示。在转场选项栏中，提供了【基础转场】【特效转场】【幻灯片】等不同类型的转场效果，如图3-77所示。

　　【基础转场】中包含叠化、闪黑、闪白、色彩溶解、滑动和擦除等转场效果，这一类转场效果主要通过平缓的叠化、推移运动来实现两个画面的切换。图3-78和图3-79所示为【基础转场】类别中【横向拉幕】效果的展示(添加转场后▯按钮会变为▶按钮)。

图 3-76

图 3-77

图 3-78

图 3-79

3.3.2 特效转场

【特效转场】中包含故障、放射、马赛克、动漫火焰、炫光等转场效果,这一类转场效果主要通过火焰、光斑、射线等炫酷的视觉特效来实现两个画面的切换。图3-80和图3-81所示为【特效转场】类别中【色差故障】效果的展示。

图 3-80   图 3-81

3.3.3 幻灯片

　　【幻灯片】类别中包含翻页、立方体、倒影、百叶窗、风车等转场效果，这一类转场效果主要通过一些简单的画面运动和图形变化来实现两个画面的切换。图3-82和图3-83所示为【幻灯片】类别中【立方体】效果的展示。

图 3-82   图 3-83

3.3.4　遮罩转场

　　【遮罩转场】类别中包含圆形遮罩、星星、爱心、水墨、画笔擦除等转场效果，这一类转场效果主要通过不同的图形遮罩来实现画面之间的切换。图3-84和图3-85所示为【遮罩转场】类别中【星星Ⅱ】效果的展示。

图 3-84　　　　　　　　　　图 3-85

3.3.5　运镜转场

　　【运镜转场】类别中包含推近、拉远、顺时针旋转、逆时针旋转等转场效果，这一类转场在切换过程中会产生回弹感和运动模糊等效果。

01　在剪映中同时导入3个视频素材，并拖曳设置每个视频的时长为4秒，如图3-86所示。

02　点击第一个｜按钮，打开转场选项栏，选中【运镜转场】|【推近】效果，设置时长为1.5秒，然后点击左下角的【全局应用】按钮，再点击☑按钮确认，如图3-87所示。

图 3-86

图 3-87

03 此时所有片段之间都设置为同样的转场效果，如图3-88所示。

04 选中第2个片段，点击【动画】按钮，如图3-89所示。

图 3-88

图 3-89

05 点击【入场动画】按钮，如图3-90所示。

06 选中【渐显】效果，设置时长为2秒，然后点击✓按钮确认，如图3-91所示。

图 3-90   图 3-91

07 返回界面，第2段视频轨道前2秒有绿色遮盖表示【动画】效果，如图3-92所示。

08 导出视频后查看视频效果，如图3-93所示。

图 3-92   图 3-93

第4章

在视频中添加字幕

　　为了使视频作品信息更丰富，重点更突出，可以在视频中添加一些文字，如视频的字幕、关键词和歌词等。

4.1 制作字幕

观看视频对于观众来说是一个被动接收信息的过程，添加字幕阐释视频的主题和重点，可帮助观众更好地接收视频要传递的信息。

4.1.1 添加基本字幕

在剪映中添加视频字幕的方法非常简单，在创建剪辑项目并添加视频素材后，在未选中素材的状态下，点击底部工具栏中的【文字】按钮，如图4-1所示。此时出现多个选项按钮，这里点击【新建文本】按钮，如图4-2所示。

图 4-1   图 4-2

剪映提供中文、英文及其他语言的文字输入，在不同语言栏下提供不同字体、样式等选项，在文本框内输入文字，然后点击✔按钮确认即可，如图4-3所示。返回上一级界面，此时添加了字幕轨道，如图4-4所示。

图 4-3 图 4-4

4.1.2 调整字幕

在轨道区域中添加文字素材后，在选中文字素材的状态下，可以在底部工具栏中点击相应的工具按钮对文字素材进行分割、复制和删除等基本操作。

在预览区域中可以看到文字周围分布着一些功能按钮，如图4-5所示，通过这些功能按钮同样可以对文字进行一些基本调整。

点击文字旁的 ∅ 按钮，或者双击文字素材，会打开输入框，可对文字内容进行修改，如图4-6所示；点击文字旁的 ▣ 按钮，可对文字进行缩放和旋转操作，如图4-7所示；点击文字旁的 ▣ 按钮，可以复制出一个相同的文本，如图4-8所示；按住文字素材进行拖动，可以调整文字位置。

图 4-5

图 4-6

图 4-7

图 4-8

　　在轨道区域中，按住文字素材，当素材变为灰色状态时，可左右拖动，以调整文字素材的摆放位置，如图4-9所示；在选中文字素材的状态下，按住素材前端或尾端的图标左右拖动，可以对文字素材的持续时间进行调整，如图4-10所示。

图 4-9　　　　　　　　　　　　　　　　　　图 4-10

4.1.3　设置字幕样式

　　在创建字幕后，用户可以对文字的字体、颜色、描边和阴影等样式效果进行设置。打开字幕样式栏的方法有两种：一是在创建字幕时，点击文本输入栏下方的【样式】选项卡，即可切换至字幕样式栏，如图4-11所示；二是在轨道区域中选择字幕素材，然后点击底部工具栏中的【编辑】按钮，如图4-12所示，也可打开字幕栏并选择【样式】选项卡。

图 4-11　　　　　　　　　　　　　　　　　　图 4-12

01 在剪映中导入一个视频素材，不选中轨道，点击【文字】按钮，如图4-13所示。

02 点击【新建文本】按钮，如图4-14所示。

03 弹出输入键盘，输入文字，点击✓按钮确认，如图4-15所示。

04 在预览区域内，将文字素材调整到合适的大小及位置，然后按住轨道中素材尾部的图标向右拖动，将素材时长延长。选中文字素材，点击【编辑】按钮，如图4-16所示。

图 4-13

图 4-14

图 4-15

图 4-16

05 在【字体】选项卡中选中【幽悠然】字体，如图4-17所示。
06 选择【样式】选项卡，选中一个黑色描边样式，如图4-18所示。

图 4-17   图 4-18

07 选中【样式】|【阴影】选项卡，将颜色设置为绿色，调整透明度为60，点击
☑按钮确认，如图4-19所示。
08 选中文字素材，点击【动画】按钮，如图4-20所示。

图 4-19   图 4-20

09 选中【出场动画】|【向右擦除】选项，设置持续时间为1.5秒，点击 ✓ 按钮确认，如图4-21所示。

10 将时间轴拖至字幕后，点击【新建文本】按钮，如图4-22所示。

图 4-21 图 4-22

11 输入文字，然后设置和上一字幕相同的样式，点击 ✓ 按钮确认，如图4-23所示。

12 选中第2个文字素材，点击【动画】按钮，如图4-24所示。

图 4-23 图 4-24

13 选中【入场动画】|【向右擦除】选项，设置持续时间为1.5秒，点击✅按钮确认，如图4-25所示。

14 返回界面后，调整第2个文字素材使其结尾和视频结尾一致，点击【导出】按钮导出视频，如图4-26所示。

图 4-25　　　　　　　　　　图 4-26

15 在手机相册中打开视频显示文字效果，如图4-27和图4-28所示。

图 4-27　　　　　　　　　　图 4-28

4.2 使用语音识别

使用手机制作解说类的短视频时，需要一些台词，在传统后期处理中，需要创作者根据语音卡点输入文字，这会花费创作者较多的时间和精力。而剪映提供了语音识别功能，可智能自动识别视频自带的语音并转换为文字，大大节省了制作视频的时间。

4.2.1 语音自动识别为字幕

剪映内置的【识别字幕】功能，可以对视频中的语音进行智能识别，并自动转换为字幕。

01 在剪映中导入一个带语音的视频素材，不选中素材，点击【文字】按钮，如图4-29所示。

02 点击【识别字幕】按钮，如图4-30所示。

图 4-29　　　　　　　　　　图 4-30

03 弹出提示框，点击【开始识别】按钮，如图4-31所示。

04 识别完成后，将在轨道区域中自动生成几段文字素材，如图4-32所示。

图 4-31

图 4-32

05 选中第1段文字素材，点击【批量编辑】按钮，如图4-33所示。

06 确认共4条字幕，然后点击第1条字幕，如图4-34所示。

图 4-33

图 4-34

07 在【字体】选项卡中选中【书法】|【挥墨体】字体，如图4-35所示。

08 在【样式】选项卡中设置描边、字号、透明度等参数，如图4-36所示。

图 4-35   图 4-36

09 在【动画】选项卡中选中【出场动画】|【向左滑动】选项，设置持续时长为1
秒，点击✓按钮确认，如图4-37所示。

10 点击✓按钮，将4条字幕的字体和样式设置成一致，如图4-38所示。

图 4-37   图 4-38

11 由于【动画】效果不能全体应用，需要一个一个地加以编辑，可以分别选中后面的字幕，逐一添加上相同的【出场动画】|【向左滑动】动画效果，点击☑️按钮确认，如图4-39和图4-40所示。

图 4-39   图 4-40

12 所有字幕都添加了动画效果后，点击【导出】按钮导出视频，如图4-41所示。

13 在手机相册中查看视频效果，如图4-42所示。

图 4-41   图 4-42

4.2.2 字幕转换为语音

剪映除了能将语音转换为字幕，反过来也可以将字幕转换为语音，只需利用【朗读文本】功能即可轻松实现。

01 在剪映中导入一个视频素材，不选中素材，点击【文字】按钮，如图4-43所示。

02 点击【新建文本】按钮，如图4-44所示。

图 4-43   图 4-44

03 选中一个字体后输入文本，如图4-45所示。

04 设置字体样式，点击✓按钮确认，如图4-46所示。

图 4-45   图 4-46

05 将第1个文字素材拉长至合适位置，不选中任何素材，点击【新建文本】按钮，如图4-47所示。

06 输入文本，默认保持和上一个字幕同样的样式，点击☑️按钮确认，如图4-48所示。

图 4-47　　　　　　　　　图 4-48

07 将第2个文字素材拉长至合适位置，不选中任何素材，点击【新建文本】按钮，如图4-49所示。

08 输入文本，默认保持和上一个字幕同样的样式，点击☑️按钮确认，如图4-50所示。

图 4-49　　　　　　　　　图 4-50

09 返回上一级界面，点击【文本朗读】按钮，如图4-51所示。

10 选中【女声音色】|【小姐姐】音色效果，点击✓按钮确认，如图4-52所示。

图 4-51　　　　　　　　　　图 4-52

11 使用相同的方法，为其余两个字幕添加同样的音色，此时字幕上都添加了【文本朗读】符号 [Aa]，点击【导出】按钮导出视频，如图4-53所示。

12 在手机相册中查看视频效果，如图4-54所示。

图 4-53　　　　　　　　　　图 4-54

4.2.3　识别歌词

在剪辑项目中添加中文背景音乐后，通过【识别歌词】功能，可以对音乐的歌词进行自动识别，并生成相应的字幕素材，对于一些想要制作音乐视频短片、歌唱视频效果的创作者来说，这是一项非常省时省力的功能。

使用【识别歌词】功能的操作方法非常简单。首先在剪辑项目中完成背景视频素材的添加和处理后，将时间轴定位至需要添加背景音乐的时间点，然后在未选中素材的状态下，点击【音频】|【音乐】按钮，如图4-55所示。进入音乐素材库后，选择一段背景音乐并添加至剪辑项目，如图4-56所示。

图 4-55　　　　　　　　　图 4-56

返回第一级底部工具栏，在未选中素材的状态下，点击【文字】按钮，如图4-57所示。然后点击【识别歌词】按钮，如图4-58所示。

图 4-57　　　　　　　　　图 4-58

弹出提示框后，点击【开始识别】按钮，如图4-59所示。识别完毕后，将在轨道区域中自动生成多段字幕素材，且各段字幕素材自动匹配相应的歌词时间点，如图4-60所示。用户也可以对文字素材样式进行单独或统一的修改，以呈现更精美的画面效果。

图 4-59

图 4-60

4.3　添加动画字幕

利用剪映自带的字幕动画效果，如花字、动画、混合等，可以让字幕变幻无穷，此外使用贴纸中的文字功能也能添加艺术字幕，让短视频中的文字效果更加抢眼。

4.3.1　插入花字

花字是一种艺术字类型，由于花样繁多，因此独立于字体和样式而存在。要输入花字，首先和普通字幕一样，点击【文字】|【新建文本】按钮，进入输入文字界面，选择【花字】选项卡，选中一种花字类型，如图4-61所示。拖曳输入框右下角的█按钮，可以调整文字的大小和旋转角度，输入文字后，点击✓按钮确认，如图4-62所示。

119

| 图 4-61 | 图 4-62 |

4.3.2 制作打字动画效果

字幕添加动画后能让文字更加灵动，下面用文字入场动画效果和音效配合制作一段打字效果短视频。

01 在剪映中导入一个视频素材(自带音频)，选中素材后点击【音频分离】按钮，如图4-63所示。

02 选中分离出的音频轨道，点击【删除】按钮，如图4-64所示。

| 图 4-63 | 图 4-64 |

03 返回初始界面，不选中素材，点击【文字】按钮，如图4-65所示。

04 点击【新建文本】按钮，如图4-66所示。

图 4-65   图 4-66

05 选中一种字体并输入文字，如图4-67所示。

06 在【样式】选项卡中，选择绿色作为字体颜色，点击✔按钮确认，如图4-68所示。

图 4-67   图 4-68

07 将字幕拉长至与视频时长一致，如图4-69所示。

08 选中字幕，点击【动画】按钮，如图4-70所示。

图 4-69　　　　　　　图 4-70

09 选中【入场动画】|【打字机I】效果，设置持续时长为2秒，点击✔按钮确认，如图4-71所示。

10 返回初始界面，点击【音频】按钮，如图4-72所示。

图 4-71　　　　　　　图 4-72

11 点击【音效】按钮，如图4-73所示。

12 选择【机械】|【打字声】音效，点击【使用】按钮，如图4-74所示。

图 4-73　　　　　　　　　　图 4-74

13 此时添加了1秒的音效，点击【导出】按钮导出视频，如图4-75所示。

14 在手机相册中查看视频效果，显示有打字动画并伴随打字声，如图4-76所示。

图 4-75　　　　　　　　　　图 4-76

4.3.3　使用文字贴纸

　　上一章介绍了剪映的【贴纸】功能，而文字功能中也包含【添加贴纸】功能，剪映提供的多种文字贴纸让文字显得更加光彩夺目。

　　要使用文字贴纸，首先导入视频素材，点击【文字】按钮，如图4-77所示。然后继续点击【添加贴纸】按钮，如图4-78所示。

图 4-77　　　　　　　　　　　　图 4-78

　　此时进入贴纸界面，其中不仅有图案贴纸，还有许多文字类贴纸，比如选中【花样】贴纸即可将其插入视频中，然后调整贴纸的大小、位置和角度，最后点击▓按钮确认，如图4-79所示。返回上一界面，显示添加的贴纸素材轨道，如图4-80所示。

图 4-79　　　　　　　　　　　　图 4-80

4.3.4 制作镂空文字开场

镂空文字的开场可以展示视频标题及其他文字信息，让画面显得文艺、有内涵，是制作微电影、vlog等视频的常用开场。要制作镂空文字，需要利用剪映中的【画中画】和【混合模式】功能编辑文字和视频。

01 在剪映中选中【素材库】中的【黑屏】素材，点击【添加】按钮，如图4-81所示。
02 点击【文字】按钮，如图4-82所示。

图 4-81　　　　　　　　　　　图 4-82

03 点击【新建文本】按钮，如图4-83所示。
04 选中【创意】|【综艺体】字体，输入文字，如图4-84所示。

图 4-83　　　　　　　　　　　图 4-84

05 在【样式】选项卡中选中一种描边选项，然后设置描边的颜色和粗细度，点击 ☑按钮确认，如图4-85所示。

06 点击【导出】按钮生成一个字幕视频，如图4-86所示。

图 4-85 图 4-86

07 重新导入一个视频素材，点击【画中画】按钮，如图4-87所示。

08 点击【新增画中画】按钮，如图4-88所示。

图 4-87 图 4-88

09 选中刚导出的字幕视频，点击【添加】按钮。如图4-89所示。

10 在轨道区域中选中字幕视频，然后使用双指将其放大至合适大小和放置在合适位置，点击【混合模式】按钮，如图4-90所示。

图 4-89   图 4-90

11 选中【正片叠底】模式，点击✓按钮确认，如图4-91所示。

12 导出视频后在手机相册中查看视频效果，可以看到有3秒的镂空字开场，如图4-92所示。

图 4-91   图 4-92

4.3.5　使用文字模板

　　剪映还提供了丰富的文字模板，帮助创作者快速制作出格式精美的动态或静态文字效果。比如要插入【气泡】类模板的动态文字，首先进入输入文字的界面，选择【文字模板】选项卡，然后选中【气泡】栏中的一种效果，点击☑按钮确认，即可插入该文字模板字幕，如图4-93和图4-94所示。

图 4-93

图 4-94

第 5 章

在视频中添加音频

音乐给视频画面带来全面动感的视听享受，音频是视频中非常重要的元素，视频中的音频包括视频原声、后期配音、背景音乐音效等。添加适当的音频，会让视频更能打动人心且层次更加丰富。

5.1 添加音频

　　剪映可以自由调用自带的音乐库中不同类型的音乐素材，支持将抖音等平台中的音乐或本地相册中的音乐添加到剪辑项目中。

5.1.1 从音乐库和抖音中选取音频

　　在剪映音乐库中选取音乐的操作方法在前面的章节也有提及，首先在未选中素材的状态下，点击【音频】按钮，然后点击【音乐】按钮，如图5-1和图5-2所示。

图 5-1　　　　　　　　　　图 5-2

　　进入音乐素材库，其中对音乐进行了细分，用户可以根据音乐类别来挑选自己想要的音频，比如点击【旅行】图标，进入其列表，选择歌曲，点击所选歌曲右侧的【使用】按钮即可插入该音频，如图5-3和图5-4所示。

图 5-3　　　　　　　　　　图 5-4

剪映和抖音、西瓜视频等平台直接关联，支持在剪辑项目中添加抖音中的音乐。打开剪映并点击【我的】按钮，如图5-5所示，然后点击【抖音登录】按钮，登录抖音的账号，如图5-6所示。

图 5-5 图 5-6

登录抖音账号，进入剪辑项目界面，点击【音频】按钮后，就可以点击【抖音收藏】按钮，找到自己在抖音中收藏过的音乐并调用，如图5-7和图5-8所示。

图 5-7 图 5-8

5.1.2 导入本地音乐

　　若想要导入本地音乐，可以打开剪映音乐库，选择【导入音乐】选项卡，点击【本地音乐】按钮，然后选择音乐文件并点击其右侧的【使用】按钮导入，如图5-9和图5-10所示。

图 5-9　　　　　　　　　　　　　　图 5-10

5.1.3 提取视频音乐

　　剪映支持用户对本地相册中拍摄和存储的视频进行提取音乐操作，还可以将其他视频中的音乐提取并应用在剪辑项目中。

01 在剪映中导入一个无音频的视频素材，不选中素材，点击【音频】按钮，如图5-11所示。

02 点击【提取音乐】按钮，如图5-12所示。

03 进入【照片视频】界面，选择要提取背景音乐的视频，然后点击【仅导入视频的声音】按钮，如图5-13所示。

04 此时将添加音频轨道，将其时长调整至和视频时长一致，如图5-14所示。

图 5-11

图 5-12

图 5-13

图 5-14

5.2　处理音频

　　剪映为短视频创作者提供了比较完善的音频处理功能，支持创作者在剪辑项目中对音频素材进行添加音效、音量个性化调节及降噪处理等操作。

5.2.1　添加音效

　　当出现和视频画面相符的音效时，会大大增加视频代入感。剪映的音乐库中提供了丰富的音效选项，方便用户提取并使用。

　　首先不选中素材，将时间轴定位在需要添加音效的时间点，点击【音频】按钮，如图5-15所示。然后点击【音效】按钮，如图5-16所示。

图 5-15　　　　　　　　　　　　　　图 5-16

　　此时将打开音效选项栏，其中有【笑声】【综艺】【机械】【BGM】【人声】等不同类别的音效，与添加音乐的方法相同，选中音效后，点击其右侧的【使用】按钮即可，如图5-17和图5-18所示。

图 5-17　　　　　　　　　　　　　　图 5-18

5.2.2　调节音量

为视频添加音乐、音效或配音后，可能会出现音量过大或过小的情况，为了满足不同需求，添加音频素材后，可以对其音量进行自由调整。

在轨道区域中选中音频素材，点击【音量】按钮，如图5-19所示。然后可通过控制滑块调整音量大小，如图5-20所示。

图 5-19　　　　　　　　　　图 5-20

如果要完全静音，可调整音量为0，或者将整个音频素材删除。如果视频素材自带声音且已混为一体，要想完全静音，则需要在初始界面中点击视频轨道左侧的【关闭原声】按钮，才可实现视频静音，如图5-21所示。

图 5-21

5.2.3 音频淡入淡出处理

调整音量只能整体提高或降低音频声音，若要形成由弱到强或由强到弱的音量效果，则需要进行音频淡入和淡出处理。

01 在剪映中导入一个视频素材，点击【关闭原声】按钮关闭视频音乐，如图5-22所示。

02 关闭原声后，点击【音频】按钮，如图5-23所示。

图 5-22　　　　　图 5-23

03 点击【音乐】按钮，如图5-24所示。

04 进入剪映音乐库，滑动手机屏幕，点击【浪漫】图标，如图5-25所示。

图 5-24　　　　　图 5-25

05 选中一首歌曲，点击其右侧的【使用】按钮，如图5-26所示。

06 界面中显示添加了音乐轨道，将视频和音频时长调整一致，如图5-27所示。

图 5-26   图 5-27

07 选中音乐素材，将时间轴定位在第12秒处，点击【分割】按钮，如图5-28所示。

08 将音频分割为2段音频，选中第1段音频，点击【淡化】按钮，如图5-29所示。

图 5-28   图 5-29

09 调整滑块，设置【淡入时长】和【淡出时长】均为1.5秒，点击✓按钮确认，如图5-30所示。

10 使用相同的方法设置第2段音频的淡入和淡出，如图5-31所示。

图 5-30　　　　　　　　　图 5-31

11 在音频轨道中可以看到起始和结束位置都出现了淡化效果，点击【导出】按钮导出视频，如图5-32所示。

12 在手机相册中播放导出的视频，如图5-33所示。

图 5-32　　　　　　　　　图 5-33

5.2.4 复制音频

若要重复使用一段音频素材，则可以选中音频后进行复制操作。复制音频的方法和复制视频的方法相同，在轨道区域中选择需要复制的音频素材，点击【复制】按钮，即可得到一段同样的音频素材，如图5-34和图5-35所示。

图 5-34   图 5-35

5.2.5 音频降噪

在日常拍摄时，由于环境因素的影响，拍摄的视频容易夹杂一些杂音和噪声，非常影响观看体验。剪映为创作者提供了降噪功能，可以方便快捷地去除音频中的各种杂音、噪声等，从而提升音频的质量。

在轨道区域选中需要进行降噪处理的视频或音频素材，点击【降噪】按钮，如图5-36所示。再点击【降噪开关】开关按钮，将降噪功能打开，剪映将自动进行降噪处理，降噪处理完成后，降噪开关变为开启状态，点击☑按钮确认，保存降噪处理，如图5-37所示。

图 5-36 图 5-37

5.3 使用音频变声

很多短视频创作者会选择对视频原声进行变声或变速处理,通过这样的处理方式,不仅可以加快视频的节奏,还能增强视频的趣味性,形成鲜明的个人特色。

5.3.1 录制声音

通过剪映中的【录音】功能,用户可以实时在剪辑项目中完成旁白的录制和编辑工作。在使用剪映录制旁白前,最好能连接上耳麦,或者配备专业的录制设备,这样能有效地提高声音质量。

在剪辑项目中开始录音前,先在轨道区域中将时间线定位至音频开始处,然后在不选中素材的状态下,点击【音频】按钮,接着在打开的音频选项栏中点击【录音】按钮,如图5-38和图5-39所示。

图 5-38 图 5-39

点击红色的录制按钮即可开始录音,再次点击则停止录音,如图5-40所示。点击✓按钮确认后,则会出现录音轨道,可以像音频素材一样进行音量调整、淡化、分割等操作,如图5-41所示。

图 5-40   图 5-41

5.3.2　变速声音

使用剪映可以对音频的播放速度进行放慢或加快等变速处理,从而制作出一些特殊的背景音乐。

选中音频素材,点击【变速】按钮,如图5-42所示。通过左右拖动速度滑块,可以对音频素材进行减速或加速处理。速度滑块停留在1x数值处时,代表此时音频为正常播放速度。当向左拖动滑块时,音频素材将被减速,且素材的持续时长会变长;当向右拖动滑块时,音频素材将被加速,且素材的持续时长将变短,如图5-43所示。

图 5-42   图 5-43

提示:

    在进行音频变速操作时,如果想对旁白声音进行变调处理,可以选中如图5-43所示左下角的【声音变调】单选按钮,完成操作后,人物说话时的音色将会发生改变。

5.3.3 变声处理

    创作者经常在一些游戏类或直播类的短视频里,为了提高人气,会使用变声软件进行变声处理,强化人物情绪,增添视频的趣味性和幽默感。需要注意的是,剪映中一般只能对视频素材进行变声操作,音频素材可以先和视频结合后导出为一个整体,再进行变声操作。

    比如导入一个带有配音的视频素材,选中素材后,点击【变声】按钮,如图5-44所示。在打开的变声选项栏中,根据实际需求选择要变声的效果,如选中【基础】|【女生】选项,点击✓按钮确认,如图5-45所示。

图 5-44

图 5-45

5.4 设置变速卡点

音乐卡点视频是如今各大短视频平台上比较热门的视频，通过后期处理，将视频画面的每一次转换与音乐鼓点相匹配，使整个画面变得节奏感极强。剪映推出了【踩点】功能，不仅支持手动标记节奏点，还能快速分析背景音乐，自动生成节奏标记点。

5.4.1 手动踩点

卡点视频可以分为图片卡点和视频卡点两类。图片卡点是将多张图片组合成一个视频，图片会根据音乐的节奏进行规律的切换；视频卡点则是视频根据音乐节奏进行转场或内容变化，或是高潮情节与音乐的某个节奏点同步。

用户可以一边试听音频效果，一边手动标记踩点。首先选中视频或音频素材，点击【踩点】按钮，如图5-46所示。将时间轴定位至需要进行标记的时间点上，然后点击【添加点】按钮，如图5-47所示。

图 5-46

图 5-47

此时在时间轴所处位置添加一个黄色的踩点标记点，如果对添加的标记点不满意，点击【删除点】按钮即可将标记点删除，如图5-48所示。

标记点添加完成后，点击✓按钮确认，此时在轨道区域中可以看到刚添加的标记点，如图5-49所示，根据标记点所处位置可以轻松地对视频进行剪辑，完成卡点视频的制作。

图 5-48   图 5-49

5.4.2 自动踩点

剪映还提供了音乐自动踩点功能，通过一键设置即可在音乐上自动标记节奏点，并可以按个人喜好选择踩节拍或踩旋律模式，大大提高了作品的节奏感。相比手动踩点，自动踩点功能更加方便、高效和准确，因此建议用户使用自动踩点的方法来制作卡点视频。

01 在剪映中导入多张图片素材，不选中素材，点击【音频】按钮，如图5-50所示。

02 点击【音乐】按钮，如图5-51所示。

图 5-50   图 5-51

03 进入音乐库，点击【卡点】图标，此类音乐的节奏比较强烈，如图5-52所示。

04 选择一首歌曲，并点击其右侧的【使用】按钮，如图5-53所示。

图 5-52   图 5-53

05 选中添加的音频轨道，点击【踩点】按钮，如图5-54所示。

06 点击打开【自动踩点】开关，如图5-55所示。

图 5-54   图 5-55

07 弹出提示对话框，点击【添加踩点】按钮，如图5-56所示。

08 选中【踩节拍1】选项，此时显示黄色的踩点标记点，点击 ☑ 按钮确认，如图5-57所示。

图 5-56   图 5-57

09 选中第1段视频素材，拖曳其右侧的白色拉杆，使其与音频轨道上的第2个节拍点对齐，调整第1段视频轨道的时长，如图5-58所示。

10 采用同样的操作方法调整第2、3段视频轨道的时长，并删除多余的音频轨道，如图5-59所示。

图 5-58   图 5-59

11 将时间轴拖至视频开始处，点击【特效】按钮，如图5-60所示。
12 点击【画面特效】按钮，如图5-61所示。

图 5-60　　　　　　　　　图 5-61

13 选中【氛围】|【光斑飘落】效果，点击✓按钮确认，如图5-62所示。
14 拖曳特效轨道，调整至与第2个节拍点对齐，如图5-63所示。

图 5-62　　　　　　　　　图 5-63

15 返回上一级界面,将时间轴拖至第2段视频的开头,点击【人物特效】按钮,如图5-64所示。

16 选中【装饰】|【破碎的心】特效,然后点击【调整参数】文字,如图5-65所示。

图 5-64　　　　　　　　　　图 5-65

17 设置特效参数,然后点击✓按钮确认,如图5-66所示。

18 拖曳特效轨道,调整至与第3个节拍点对齐,如图5-67所示。

图 5-66　　　　　　　　　　图 5-67

⑲ 返回至上一级界面，将时间轴拖至第3段视频的开头，点击【画面特效】按钮，如图5-68所示。

⑳ 选中【氛围】|【水彩晕染】特效，点击✓按钮确认，如图5-69所示。

图 5-68   图 5-69

㉑ 拖曳特效轨道，调整至与最后一个节拍点对齐，最后导出视频，如图5-70所示。

㉒ 在手机相册中查看视频效果，如图5-71所示。

图 5-70   图 5-71

5.4.3 结合蒙版卡点

通过音乐踩点再结合剪映的【蒙版】和【画中画】功能,可以制作出更具动感、也更丰富的视频卡点效果。

01 在剪映中导入3张图片素材,不选中素材,点击【音频】按钮,如图5-72所示。

02 点击【音乐】按钮,如图5-73所示。

图 5-72　　　　　　图 5-73

03 进入音乐库,点击【卡点】图标,如图5-74所示。

04 选择一首歌曲,并点击其右侧的【使用】按钮,如图5-75所示。

图 5-74　　　　　　图 5-75

05 选中添加的音频轨道，然后点击【踩点】按钮，如图5-76所示。

06 点击打开【自动踩点】开关，选中【踩节拍1】选项，然后点击☑按钮确认，如图5-77所示。

图 5-76   图 5-77

07 添加节拍点后，将3段视频各拉长至两个节拍点的长度，然后删除多余的音轨，如图5-78所示。

08 返回初始界面，将时间轴定位于开头处，点击【画中画】按钮，如图5-79所示。

图 5-78   图 5-79

09 点击【新增画中画】按钮，如图5-80所示。

10 导入和第一段视频同样的图片，如图5-81所示。

图 5-80　　　　　　　　　图 5-81

11 调整新导入的视频轨道两端，使两张同样图片的视频长度一致，选中上面轨道区域中的第1段视频，点击【蒙版】按钮，如图5-82所示。

12 选择【星形】蒙版，在预览区域中调整蒙版的大小和倾斜度，点击左下角的【反转】按钮，然后点击✔按钮确认，如图5-83所示。

图 5-82　　　　　　　　　图 5-83

13 选中画中画视频轨道,点击【蒙版】按钮,如图5-84所示。

14 选择【星形】蒙版,在预览区域中调整蒙版,使其与第1个星形蒙版对齐,点击✓按钮确认,如图5-85所示。

图 5-84   图 5-85

15 选中第1个视频,点击【动画】按钮,如图5-86所示。

16 点击【组合动画】按钮,如图5-87所示。

图 5-86   图 5-87

17 选中【缩小旋转】选项，点击 ✓ 按钮确认，如图5-88所示。

18 选中画中画视频轨道，依次点击【动画】和【组合动画】按钮，选择【旋转降落改】选项，点击 ✓ 按钮确认，如图5-89所示。

图 5-88   图 5-89

19 使用相同的方法，为其他两段图片视频结合画中画添加合适的蒙版和动画，最后导出视频，如图5-90所示。

20 在手机相册中播放视频并查看视频效果，如图5-91所示。

图 5-90   图 5-91

第6章

在视频中添加片头与片尾

　　无论是短视频还是长视频，如果有合适的片头和片尾加入其中，会给观者留下深刻的印象。有创意、有特色的片头和片尾，不仅能吸引人观看，还能起到引流的作用。本章将介绍如何运用模板和其他功能，制作出有不同特色的片头和片尾。

6.1 制作创意片头

有个性的片头能吸引观众观看视频，因此有创意的片头设计是吸引眼球的第一步。下面提供的一些片头制作案例，可以帮助用户找到更多灵感，制作属于自己的创意片头。

6.1.1 选择自带片头

在剪映中提供了相当多的片头素材，这些素材类型丰富，提供多样选择，用户可从不同类型中选择自己想要的素材。

01 在剪映中导入一个视频素材，在轨道区域中选中素材，点击【定格】按钮，如图6-1所示。

02 返回主界面，显示原视频开头前3秒自动分割出来形成一段新视频，点击【画中画】按钮，如图6-2所示。

图 6-1   图 6-2

03 点击【新增画中画】按钮，如图6-3所示。

04 选择【素材库】选项卡，在【片头】选项区域中选中一款片头素材，点击【添加】按钮，如图6-4所示。

图 6-3　　　　　　　　　　图 6-4

05 在预览区域中调整片头素材的大小，然后点击【混合模式】按钮，如图6-5所示。

06 选中【滤色】选项，点击✓按钮确认，如图6-6所示。

图 6-5　　　　　　　　　　图 6-6

07 将第1段视频时长调整为1.5秒，如图6-7所示。

08 返回主界面，点击【音频】按钮，如图6-8所示。

图 6-7   图 6-8

09 点击【音效】按钮，如图6-9所示。

10 选中【机械】|【打字声3】音效，点击【使用】按钮，如图6-10所示。

图 6-9   图 6-10

11 调整音效时长与第1段视频一致，也为1.5秒，如图6-11所示。

12 为第2段视频添加音乐库中的音乐，并调整音乐时长与视频一致，如图6-12所示。

图 6-11

图 6-12

13 点击【导出】按钮导出视频，如图6-13所示。

14 在手机相册中播放导出的视频，如图6-14所示。

图 6-13

图 6-14

6.1.2　分割开头文字

　　在剪映中可以利用蒙版和关键帧等功能制作文字分割效果，片头中的新文字将在分割区域中显现出来，这种片头显得特别高级。

01 在剪映的素材库中选择【黑幕】素材，点击【添加】按钮，如图6-15所示。

02 将该轨道素材时长调整为8秒，如图6-16所示。

　　　　图 6-15　　　　　　　　　　图 6-16

03 返回主界面，点击【文字】按钮，如图6-17所示。

04 点击【新建文本】按钮，如图6-18所示。

　　　　图 6-17　　　　　　　　　　图 6-18

05 选择字体后，输入文字，然后在预览区域中调整文字大小，点击 ✓ 按钮确认，如图6-19所示。

06 调整文字轨道时长与黑幕视频一致，点击【导出】按钮导出视频，如图6-20所示。

图 6-19   图 6-20

07 返回初始界面，重新导入一段视频素材，点击【画中画】按钮，如图6-21所示。

08 点击【新增画中画】按钮，如图6-22所示。

图 6-21   图 6-22

09 选中导出的黑幕文字视频素材，点击【添加】按钮，如图6-23所示。

10 点击【混合模式】按钮，如图6-24所示。

图 6-23   图 6-24

11 选中【滤色】选项，点击☑️按钮确认，如图6-25所示。

12 点击【蒙版】按钮，如图6-26所示。

图 6-25   图 6-26

13 选中【镜面】选项，调整蒙版的位置和大小，点击【反转】按钮，然后点击☑️按钮确认，如图6-27所示。

14 返回主界面，点击【文字】按钮，如图6-28所示。

图 6-27　　　　　　　　　　　图 6-28

15 点击【新建文本】按钮，如图6-29所示。

16 选择字体后输入文字，并设置文本框的大小和位置，如图6-30所示。

图 6-29　　　　　　　　　　　图 6-30

17 切换至【动画】选项卡，选择【打字机II】入场动画，设置动画时长为2秒，然后点击✓按钮确认，如图6-31所示。

18 返回主界面，选择画中画的文字轨道，拖曳时间轴至第2秒的位置，点击◇按钮添加关键帧，如图6-32所示。

图 6-31　　　　　　　　　　图 6-32

19 拖曳时间轴至开头，点击【蒙版】按钮，如图6-33所示。

20 放大镜面蒙版的区域，点击✓按钮确认，如图6-34所示。

图 6-33　　　　　　　　　　图 6-34

21 将黑幕文字素材轨道的时间轴移至第2秒处，然后在关键帧处点击【分割】按钮将视频分为两段，选中第2段视频，点击【蒙版】按钮，如图6-35所示。

22 选择【无】蒙版效果，点击✓按钮确认，如图6-36所示。

图 6-35　　　　　　　　图 6-36

23 返回界面查看效果，点击【导出】按钮导出视频，如图6-37所示。

24 在手机相册中播放导出的视频，如图6-38所示。

图 6-37　　　　　　　　图 6-38

6.1.3 电影开幕片头

在剪映中可以利用画中画和混合动画等功能，制作文字镂空显示画面的效果，这样的文字能让人过目难忘，常常用在电影的开幕镜头上。

01 在剪映的素材库中依次选择【白幕】和【黑幕】素材，点击【添加】按钮，如图6-39所示。

02 选中黑幕素材，点击【复制】按钮，如图6-40所示。

图 6-39

图 6-40

03 点击【画中画】按钮，如图6-41所示。

04 选中第1段黑幕素材，点击【切画中画】按钮，如图6-42所示。

图 6-41

图 6-42

05 重复上一步操作，拖曳两段画中画轨道的位置，与白幕视频对齐，如图6-43
所示。

06 调整所有轨道时长为15秒，如图6-44所示。

图 6-43 图 6-44

07 拖曳时间轴至第6秒的位置，点击◇按钮为两段画中画轨道添加关键帧，如
图6-45所示。

08 调整两段黑幕素材的画面，露出部分白幕素材，如图6-46所示。

图 6-45 图 6-46

09 拖曳时间轴至起始位置，调整第1段黑幕素材的画面，露出所有白幕素材，如图6-47所示。

10 调整第2段黑幕素材的画面，露出所有白幕素材，如图6-48所示。

图 6-47   图 6-48

11 返回主界面，拖曳时间轴至第6秒的位置，点击【文字】按钮，如图6-49所示。

12 点击【新建文本】按钮，如图6-50所示。

图 6-49   图 6-50

13 选择字体，输入文字，设置文本框的位置和大小，点击✓按钮确认，如图6-51所示。

14 调整文字轨道时长末尾和视频末尾对齐，如图6-52所示。

图 6-51   图 6-52

15 设置文字动画为【渐显】入场动画，设置时长为最大，点击【导出】按钮导出视频，如图6-53所示。

16 在剪映中重新导入一段视频素材，点击【画中画】按钮，如图6-54所示。

图 6-53   图 6-54

17 点击【新增画中画】按钮,如图6-55所示。

18 添加前面导出的视频并调整画面大小,点击【混合模式】按钮,如图6-56所示。

图 6-55　　　　　　　　图 6-56

19 选择【正片叠底】选项,点击 ☑ 按钮确认,点击【导出】按钮,如图6-57所示。

20 在手机相册中播放导出的视频,如图6-58所示。

图 6-57　　　　　　　　图 6-58

6.2 制作特色片尾

制作出让人印象深刻的片尾,可以使短视频从头至尾都给观众带来回味无穷的感受,加深观众对视频创作者的印象,起到引流的作用。

6.2.1 添加片尾模板

一般剪映剪辑视频的轨道末尾都有【添加片尾】按钮,点击该按钮可自动添加剪映自带的有"剪映抖音"标签文字的片尾,如图6-59和图6-60所示。

图 6-59　　　　　　　　图 6-60

剪映的素材库中提供了不少片尾的视频素材,用户可以根据自己的需求选取并使用。首先在视频末尾处点击➕按钮添加素材,选中素材库【片尾】栏中的一个选项,然后点击【添加】按钮,如图6-61所示。此时已添加该片尾视频素材,如图6-62所示。

图 6-61　　　　　　　　图 6-62

在剪映中，【剪同款】功能也提供片尾模板，只需一张照片，即可套用模板制作专属于自己的片尾头像视频。

01 在剪映初始界面中点击【剪同款】按钮，如图6-63所示。

02 在搜索框中输入"片尾"进行搜索，如图6-64所示。

图 6-63　　　　　　　图 6-64

03 选中一款片尾模板，如图6-65所示。

04 点击【剪同款】按钮，如图6-66所示。

图 6-65　　　　　　　图 6-66

05 在【照片视频】库中选择一张照片，点击【下一步】按钮，如图6-67所示。

06 在【视频编辑】选项卡中点击第2个区域中的【点击编辑】|【裁剪】按钮，如图6-68所示。

图 6-67   图 6-68

07 拖动选择视频显示区域，然后点击【确认】按钮，如图6-69所示。

08 点击【导出】按钮，如图6-70所示。

图 6-69   图 6-70

09 点击【无水印保存并分享】按钮导出视频,如图6-71所示。

10 打开手机相册播放导出的视频,如图6-72所示。

图 6-71   图 6-72

6.2.2 电影谢幕片尾

在剪映中可以利用关键帧功能制作电影谢幕片尾效果,这在长视频或短剧中经常使用。

01 在剪映中导入一段视频素材,选中视频后点击◇按钮添加关键帧,如图6-73所示。

02 拖动时间轴至第1秒处,添加关键帧,然后调整视频的画面大小和位置,如图6-74所示。

图 6-73   图 6-74

03 返回主界面，点击【文字】按钮，如图6-75所示。

04 点击【新建文本】按钮，如图6-76所示。

图 6-75 图 6-76

05 选择字体后输入文本，点击✔按钮确认，如图6-77所示。

06 在文字轨道起始点创建关键帧，调整文本框的大小和位置，如图6-78所示。

图 6-77 图 6-78

07 调整文字轨道末尾和视频一致，添加关键帧，并调整文本框的位置，如图6-79所示。

08 返回主界面，点击【特效】按钮，添加【录制边框II】特效，如图6-80所示。

图 6-79　　　　　　　　图 6-80

09 添加合适的背景音乐，然后点击【导出】按钮导出视频，如图6-81所示。

10 打开手机相册播放导出的视频，如图6-82所示。

图 6-81　　　　　　　　图 6-82

第7章

使用模板快剪视频

7.1 制作变色花朵效果

花朵变色的效果很适合花卉植物等近景照片或视频，花朵随着音乐变化而变成不同的颜色，非常吸人眼球。

01 打开剪映，点击底部工具栏中的【剪同款】按钮，如图7-1所示。

02 在搜索框中输入关键字搜索模板，如图7-2所示。

图 7-1

图 7-2

03 选中一款模板，如图7-3所示。

04 点击【剪同款】按钮，如图7-4所示。

图 7-3

图 7-4

05 进入手机的照片视频库，选中1张花的照片，由于该视频分为4段，需要点击4次照片，然后点击【下一步】按钮，如图7-5所示。

06 查看视频效果后，点击【导出】按钮，如图7-6所示。

图 7-5　　　　　　　　　图 7-6

07 点击【无水印保存并分享】按钮，将该视频保存并分享至抖音，如图7-7所示。

08 在手机相册中播放视频并查看视频效果，如图7-8所示。

图 7-7　　　　　　　　　图 7-8

179

7.2　制作漫画特效

前面的章节中制作过真人变身漫画的短视频，也可以倒转过来将漫画变身为真人，并且一键即可完成，无需复杂操作。

01 打开剪映，点击底部工具栏中的【剪同款】按钮，如图7-9所示。

02 在搜索框中输入关键字搜索模板，如图7-10所示。

图 7-9　　　　　　　　图 7-10

03 选中一款模板，如图7-11所示。

04 点击【剪同款】按钮，如图7-12所示。

图 7-11　　　　　　　　图 7-12

05 进入手机的照片视频库，选中一张女孩的照片，由于该视频分为两段，需要点击两次照片，然后点击【下一步】按钮，如图7-13所示。

06 查看视频效果后，点击【导出】按钮，如图7-14所示。

图 7-13　　　　　　　　　　图 7-14

07 点击【无水印保存并分享】按钮，将该视频保存并分享至抖音，如图7-15所示。

08 在手机相册中播放视频并查看视频效果，如图7-16所示。

图 7-15　　　　　　　　　　图 7-16

7.3 制作图文混排效果

通过【剪同款】功能应用模板十分方便，有时用户想让视频效果有自己的特色，并且在此基础上进行编辑及增减元素等操作，这就需要对应用的模板进行自定义编辑，在同款模板的基础上发展出自己想要的效果。

01 打开剪映，点击底部工具栏中的【剪同款】按钮，如图7-17所示。

02 在搜索框中输入关键字搜索模板，如图7-18所示。

图 7-17   图 7-18

03 选中一款模板，如图7-19所示。

04 点击【剪同款】按钮，如图7-20所示。

图 7-19   图 7-20

05 进入手机的照片视频库，分别点击两个视频，然后点击【下一步】按钮，如图7-21所示。

06 查看视频效果，若要继续编辑视频，可以在第1个视频时间段内点击【视频编辑】|【点击编辑】按钮，如图7-22所示。

图 7-21   图 7-22

07 此时浮现【拍摄】【替换】【裁剪】【音量】4个按钮，其中【拍摄】和【替换】按钮用于对已添加的素材进行更改操作。点击【拍摄】按钮，如图7-23所示，将进入视频拍摄界面。

08 此时可以拍摄新的照片或视频来替换之前添加的素材，如图7-24所示。

图 7-23   图 7-24

09 点击【替换】按钮，可以再次打开素材选取界面，重新选择素材进行替换操作，如图7-25所示。

10 此时第1段视频被替换成新视频，如图7-26所示。

图 7-25 　　　　　　　　　　　图 7-26

11 点击【裁剪】按钮可以对画面进行裁剪，或移动底下的裁剪框来重新选取需要显示的区域，如图7-27所示。

12 此时显示裁剪后的视频效果，如图7-28所示。

图 7-27 　　　　　　　　　　　图 7-28

13 点击【音量】按钮可以调整原视频音量，这里默认为0，如图7-29所示。
14 切换至【文本编辑】选项，如图7-30所示。

图 7-29　　　　　　　图 7-30

15 点击第一个文字按钮，可在最上面的文本框中重新输入文字，点击✅按钮确认，如图7-31所示。
16 返回上一级界面，点击【导出】按钮，如图7-32所示。

图 7-31　　　　　　　图 7-32

17 点击保存按钮，如图7-33所示，此时留有剪映的水印，并不用分享至抖音。

18 在手机相册中播放视频并查看视频效果,如图7-34所示。

图 7-33   图 7-34

7.4 制作返老还童效果

"变成三岁"这个模板比较神奇,能让人1秒变回三岁左右的样子,这个效果只需要一张正面照片即可实现。

01 打开剪映,点击底部工具栏中的【剪同款】按钮,如图7-35所示。

02 在搜索框中输入关键字搜索模板,如图7-36所示。

图 7-35   图 7-36

03 选中一款模板，如图7-37所示。

04 点击【剪同款】按钮，如图7-38所示。

图 7-37   图 7-38

05 进入手机的照片视频库，选中一张女人的照片，该视频分为4段，但点击一次即可，然后点击【下一步】按钮，如图7-39所示。

06 查看视频效果后，点击【导出】按钮，如图7-40所示。

图 7-39   图 7-40

07 点击【无水印保存并分享】按钮，如图7-41所示，将该视频保存并分享至抖音。

08 在手机相册中播放视频并查看视频效果，如图7-42所示。

图 7-41　　　　　　　　　图 7-42

7.5　制作三维夜景效果

制作三维夜景效果，很适合灯光下的夜景照片或视频，再加上预设的3D特效，会让人有建筑等景物在立体移动的感觉，非常有特色。

01 打开剪映，点击底部工具栏中的【剪同款】按钮，如图7-43所示。

02 在搜索框中输入关键字搜索模板，如图7-44所示。

图 7-43　　　　　　　　　图 7-44

03 选中一款模板，如图7-45所示。

04 点击【剪同款】按钮，如图7-46所示。

图 7-45

图 7-46

05 进入手机的照片视频库，点击5张夜景照片，然后点击【下一步】按钮，如图7-47所示。

06 查看视频效果后，点击【导出】按钮，如图7-48所示。

图 7-47

图 7-48

07 点击【无水印保存并分享】按钮，如图7-49所示，将该视频保存并分享至抖音。

08 在手机相册中播放视频并查看视频效果，如图7-50所示。

图 7-49

图 7-50

7.6 制作萌宠视频vlog

　　如今宠物在家庭生活中占比越来越重，抖音、小红书等平台上都有很多萌宠的vlog短视频，剪映中提供了不少萌宠的模板供用户套用。

01 打开剪映，点击底部工具栏中的【剪同款】按钮，如图7-51所示。

02 在搜索框中输入关键字搜索模板，如图7-52所示。

图 7-51

图 7-52

03 选中一款模板，如图7-53所示。

04 点击【剪同款】按钮，如图7-54所示。

图 7-53   图 7-54

05 进入手机的照片视频库，选中一个猫的视频，然后点击【下一步】按钮，如图7-55所示。

06 选择【视频编辑】|【点击编辑】|【裁剪】选项，如图7-56所示。

图 7-55   图 7-56

07 在预览区域中拖动放大或缩小显示区域，并移动底下的裁剪框来重新选取需要显示的区域，然后点击【确认】按钮，如图7-57所示。

08 选择【文本编辑】|【点击编辑】选项，将原来的文字"悠闲""快乐"改为"没头脑""不高兴"，点击✔按钮确认，然后点击【导出】按钮，如图7-58所示。

图 7-57

图 7-58

09 点击【无水印保存并分享】按钮，如图7-59所示，将该视频保存并分享至抖音。

10 在手机相册中播放视频并查看视频效果，如图7-60所示。

图 7-59

图 7-60

7.7　制作慢放走路效果

　　一个人走在路上，虽然有点孤单寂寞，却不失独立个性，"走步慢动作"视频模板正是为了强调这种独立美而为用户设计的。

01 打开剪映，点击底部工具栏中的【剪同款】按钮，如图7-61所示。

02 在搜索框中输入关键字搜索模板，如图7-62所示。

图 7-61　　　　　　　　　　图 7-62

03 选中一款模板，如图7-63所示。

04 点击【剪同款】按钮，如图7-64所示。

图 7-63　　　　　　　　　图 7-64

05 进入手机的照片视频库，选中一段视频，然后点击【下一步】按钮，如图7-65所示。

06 选择【视频编辑】|【点击编辑】|【裁剪】选项，如图7-66所示。

图 7-65　　　　　　　　图 7-66

07 在预览区域中拖动放大或缩小显示区域，并移动底下的裁剪框来重新选取需要显示的区域，然后点击【确认】按钮，如图7-67所示。

08 点击【导出】按钮导出视频，如图7-68所示。

图 7-67　　　　　　　　图 7-68

09 点击【无水印保存并分享】按钮，如图7-69所示，将该视频保存并分享至抖音。

10 在手机相册中播放视频并查看视频效果，如图7-70所示。

图 7-69

图 7-70

7.8 创建动感相册

朋友圈中的照片一般以九宫格居多，将多张照片用模板制作成一个动感相册视频，可以使你的朋友圈显得与众不同。

01 打开剪映，点击底部工具栏中的【剪同款】按钮，如图7-71所示。
02 在搜索框中输入关键字搜索模板，如图7-72所示。

图 7-71

图 7-72

03 选中一款模板，如图7-73所示。
04 点击【剪同款】按钮，如图7-74所示。

图 7-73　　　　　　　　　　图 7-74

05 进入手机的照片视频库，点击选择9张照片，然后点击【下一步】按钮，如图7-75所示。

06 点击【导出】按钮导出视频，如图7-76所示。

图 7-75　　　　　　　　　　图 7-76

07 点击【保存】按钮🖫，将该视频保存至手机，如图7-77所示。

08 返回剪映初始界面，点击【开始创作】按钮，如图7-78所示。

图 7-77　　　　　　　　图 7-78

09 在手机的照片视频库中选中刚导出的视频，然后点击【添加】按钮，如图7-79所示。

10 点击【特效】按钮，如图7-80所示。

图 7-79　　　　　　　　图 7-80

11 点击【画面特效】按钮，如图7-81所示。

12 选择【自然】|【花瓣飞扬】特效，点击【调整参数】文字，设置特效参数，点击✔按钮确认，如图7-82所示。

图 7-81　　　　　　　　　图 7-82

13 调整特效轨道的长度，然后点击【导出】按钮导出视频，如图7-83所示。

14 在手机相册中播放视频并查看视频效果，如图7-84所示。

图 7-83　　　　　　　　　图 7-84

第8章

剪映专业版剪辑技巧

　　由于手机的性能所限，使用手机版剪映剪辑较长视频可能会出现卡顿或误操作现象。因此抖音官方推出了剪映专业版，即电脑上使用的剪映版本。由于剪映专业版是根据剪映手机版演化而来，因此只要学会了手机版剪映的使用方法，就很容易上手电脑版剪映。

8.1 认识剪映专业版

由于剪映专业版是从手机版剪映转换而来的，其版本功能要慢于手机版的更新。随着抖音对电脑版本的日益重视，剪映专业版将以更丰富的功能与手机版互相辉映，各有所长。

8.1.1 手机版剪映和剪映专业版的比较

手机版剪映和剪映专业版各有优势，主要体现在以下几个方面。

💡 手机版剪映的功能更多：目前剪映专业版仍在不断完善中，所以它的功能比手机版剪映要少很多。比如手机版剪映中的【关键帧】【色度抠图】【智能抠像】等功能在剪映专业版中均没实现。也正因为手机版剪映的功能更多，所以用其制作的效果，专业版剪映未必做得出来。

💡 手机版剪映的菜单更复杂：由于手机的屏幕与电脑显示器相比要小很多，因此在UI(界面设计)设计上，手机版剪映的很多功能都会"藏得比较深"，导致菜单、选项等相对复杂。而剪映专业版是在显示器上显示的，所以显示空间大很多。手机版剪映部分需要在不同界面中操作的功能，在专业版剪映中的一个界面下就能完成。比如为视频片段添加【动画】【文字】【特效】等操作，在剪映专业版中进行操作会更加便捷，如图8-1所示，用户可以细致地设置【动画】等选项。

图 8-1

💡 剪映专业版强大的性能：由于手机的性能依然无法与电脑相比，因此在处理一些时间较长、尺寸较大的视频时，往往会出现卡顿的情况。而在预览效果时出现的卡顿会导致剪辑人员根本无法判断效果是否符合预期，也就无法继续剪辑下去。但性能良好的电脑则可以解决该问题，依托强大的电脑硬件，使用剪映专业版可以获得更高的处理效率和更顺畅的剪辑体验。

8.1.2 剪映专业版的界面

剪映专业版是由手机版移植到电脑上的，它们整体操作的底层逻辑是一致的，因此只要掌握了手机版剪映，只需了解剪映专业版的界面，知道各个功能、选项所处的位置，也就基本掌握了其使用方法。专业版剪映的界面如图8-2所示。

图 8-2

🔵 工具栏：该区域共包含【媒体】【音频】【文本】【贴纸】【特效】【转场】【滤镜】【调节】【素材包】9个选项卡。选择【媒体】选项卡后，可以选择从【本地】或【素材库】中导入素材至【素材区域】，如图8-3所示。【素材包】是手机版没有的选项，可以从中选择一些流行的短视频素材，如图8-4所示。

图 8-3

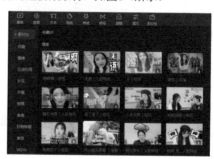

图 8-4

🔵 素材区域：无论是从本地导入的素材，还是选择了工具栏中的【贴纸】【特效】【转场】等工具，其可用素材和效果均会在素材区域显示。

🔵 预览区域：在后期过程中，可随时在预览区域查看效果。单击预览区域右下角

的 按钮，可进行全屏预览；单击右下角的【适应】按钮，可以调整画面比例，如图8-5所示；单击右下角的 按钮，可以查看视频色谱，如图8-6所示。

图 8-5

图 8-6

🔵 细节调整区域：当选中时间线区域中的某一轨道后，在细节调整区域中即会出现可针对该轨道进行的细节设置。图8-7和图8-8所示分别为选中视频轨道和文字轨道时所显示的细节调整区域中的选项。

图 8-7   图 8-8

🔵 常用功能区域：在其中可以快速单击各功能按钮，对视频轨道进行【分割】【删除】【定格】【倒放】【镜像】【旋转】【裁减】等操作。

🔵 时间线区域：该区域中包含3个元素，分别为【轨道】【时间轴】【时间刻度】。由于剪映专业版界面较大，因此不同的轨道可以同时显示在时间线中，如图8-9所示。相比手机版剪映，剪映专业版可以提高后期处理效率。

图 8-9

提示：

在使用手机版剪映时，图片和视频会统一在手机相册中显示。对于专业版剪映而言，电脑中并没有一个固定的存储所有图片和视频的文件夹。所以，专业版剪映才会出现单独的素材区域，相当于手机版中的手机相册。因此，使用剪映专业版进行后期处理的第一步，就是将准备好的一系列素材全部添加到剪映的素材区域中。在后期过程中，需要哪个素材，可直接将其从素材区域拖到时间线区域。

8.2　剪映专业版的重要功能

剪映专业版的操作方法与手机版剪映的操作方法有一定的区别。本节将介绍剪映专业版与手机版部分功能使用方法的不同之处。

8.2.1　剪映专业版的画中画

在剪映手机版中，如果想在时间线中添加多个视频轨道，需要利用【画中画】功能导入素材。在剪映专业版中，却找不到【画中画】这个选项，这是由于剪映专业版的处理界面更大，因此各轨道均可以完整显示在时间线中，因此，用户无须使用所谓的【画中画】功能，直接将一段视频素材拖到主视频轨道的上方，即可实现多轨道及手机版剪映【画中画】功能的效果，如图8-10所示。

图 8-10

主轨道上方的任意视频轨道均可随时再拖回主轨道，如图8-11所示。因此在剪映专业版中，也不存在【切画中画】和【切主轨】这两个选项。

图 8-11

8.2.2　通过【层级】确定视频轨道的覆盖关系

将视频素材移到主轨道上方时，该视频素材的画面就会覆盖主轨道的画面。这是因为在剪映中，主轨道的【层级】默认为0，而主轨道上方第1层的视频轨道默认为1。层级大的视频轨道会覆盖层级小的视频轨道，并且主轨道的层级不能更改，但其他轨道的层级可以更改。比如主轨道上的第1个视频轨道层级为1，在细节调整区域中查看轨道层级，如图8-12所示。

图 8-12

在层级为1的视频轨道上方再添加一个视频轨道时，该轨道的层级默认为2，如图8-13所示。

图 8-13

选中层级为2的轨道，将其层级选择为1，如图8-14所示。此时其下方的轨道层级就会自动由1变为2，如图8-15所示。此时将会出现位于中间的视频轨道画面覆盖另外两条轨道画面的情况。

图 8-14

图 8-15

因此，当覆盖关系与轨道的顺序不符时，就可以通过设置轨道的【层级】，使其符合上方轨道覆盖下方轨道的逻辑关系，这样可以让剪辑更加直观。

8.2.3 剪映专业版的蒙版

在时间线中添加多条视频轨道后，画面之间出现了覆盖，此时可以使用【蒙版】功能来控制画面局部区域的显示。剪映专业版的【蒙版】功能在细节调整区域中的【画面】选项卡中可以找到，如图8-16所示。

图 8-16

01 启动剪映专业版，单击【开始创作】按钮，如图8-17所示。

205

02 打开剪映主界面，在素材区域中单击【导入】按钮，如图8-18所示。

图 8-17   图 8-18

03 在弹出的对话框中选中两个视频素材，单击【打开】按钮，如图8-19所示。
04 此时在素材区域中添加了两个素材，如图8-20所示。

图 8-19   图 8-20

05 将两个视频拖入时间线区域，注意先拖入较长的视频作为主轨道，如图8-21所示。

06 选中较短的视频素材，然后在细节调整区域选择【画面】|【蒙版】选项卡，选择【线性】蒙版，此时预览区域显示添加蒙版后的效果，如图8-22所示。

图 8-21   图 8-22

07 拖动◎按钮，可以调整蒙版的角度，如图8-23所示

08 拖动按钮，可以调整两个画面分界线处的羽化程度，形成过渡效果，如图8-24所示。

图 8-23

图 8-24

09 按住分界线拖动，可以调整蒙版的位置，如图8-25所示。

10 在时间线区域中拖曳视频末端，使两段视频时长一致，如图8-26所示。

图 8-25

图 8-26

11 单击界面右上角的【导出】按钮，打开【导出】对话框，在该对话框中可以设置视频导出的分辨率、编码、格式等参数，单击【导出至】右侧的▢按钮，如图8-27所示。

12 打开【请选择导出路径】对话框，从中选择要导出视频文件所处的文件夹，单击【选择文件夹】按钮，如图8-28所示。

图 8-27

图 8-28

13 设置完毕后，在【导出】对话框中单击【导出】按钮即可导出视频至选定文件夹中。

8.2.4 剪映专业版的转场

剪映专业版与剪映手机版相比，一个很大的区别在于，剪映手机版的同一轨道中视频素材间的间隔图标 在剪映专业版中消失了。在剪映专业版中添加转场效果的具体操作方法如下。

01 在剪映中导入两段视频素材，并依次拖入同一条轨道中，如图8-29所示。

02 拖动时间轴至两段视频交接处，单击【转场】按钮，选择其中的转场动画选项，如【左移】，然后单击图标右下角的 按钮，如图8-30所示。

图 8-29

图 8-30

03 此时即可在距离时间轴最近的片段衔接处添加转场，选中转场效果，拖动左右两边的"白框"，即可调整转场时长，如图8-31所示。

04 用户也可以选中转场效果后，在细节调整区域中调整滑块的位置或输入时间，设定转场时长，如图8-32所示。

图 8-31

图 8-32

05 在预览区域中播放视频，查看转场效果，如图8-33所示。

06 单击【导出】按钮导出添加了转场效果的视频。

图 8-33

8.2.5 剪映专业版的特效

手机版剪映的特效添加不需选中视频素材，可直接点击【特效】按钮，并有【画面特效】和【人物特效】两大类。而剪映专业版的特效则相对简单，不管选中还是未选中视频素材，都可以在工具栏中单击【特效】按钮，添加多种类型的特效。

01 在剪映中导入一段视频素材，然后单击【特效】按钮，如图8-34所示。

02 在【特效】选项卡中，选中【边框】|【车窗】特效，然后单击图标中的▣按钮，如图8-35所示。

03 继续选中【爱心】|【破冰】特效，然后单击图标中的▣按钮，如图8-36所示。

04 此时添加了两条特效轨道，将【车窗】轨道时长拖长至与视频一致，如图8-37所示。

图 8-34

图 8-35

图 8-36

图 8-37

05 选中【破冰】特效轨道，在细节调整区域中调整特效参数，如图8-38所示。

06 在预览区域中播放视频效果，如图8-39所示，单击【导出】按钮导出视频。

图 8-38

图 8-39

8.3　制作音乐转场卡点视频

　　本节将使用剪映专业版制作一个包含音乐、卡点、转场效果的视频，使读者更加全面地体会和熟悉剪映专业版的功能和选项的设置。

1. 导入素材和音乐

　　首先将制作音乐卡点视频所需的素材导入剪映专业版，并添加音乐的节拍点。

01 在剪映中导入8张图片素材，如图8-40所示。

02 通过拖曳或单击素材右下角的 ⁺ 按钮，将素材添加到视频轨道中，如图8-41所示。

图 8-40　　　　　　　　　　　　　　图 8-41

03 单击工具栏中的【音频】按钮，选择【音乐素材】|【卡点】选项卡中的一首音乐。将鼠标悬停在该音乐图标上，单击右下角的 ⁺ 按钮，即可将其添加到音频轨道中，如图8-42所示。

04 将时间轴移至视频轨道开头处，单击工具栏中的【媒体】按钮，在【素材库】|【片头】选项卡中选择添加一个片头视频，如图8-43所示。

图 8-42　　　　　　　　　　　　　　图 8-43

05 选中音频轨道，单击【自动踩点】按钮 ，并选择【踩节拍Ⅱ】选项，此时在音频轨道上会自动出现黄色节拍点，如图8-44所示。

06 选中片头素材，拖动右侧白框，使其对齐第4个节拍点，如图8-45所示。

图 8-44　　　　　　　　　　　　　　图 8-45

07 选中第一张图片素材，使其结尾对齐第7个节拍点，形成4个节拍点间一张照片的效果，如图8-46所示。

08 然后按照第一张图片的处理方法，将之后的所有照片均与对应的节拍点对齐，如图8-47所示。

图 8-46　　　　　　　　　　　　　　图 8-47

2. 添加转场效果

在每两个画面之间添加转场效果，可以让图片的转换不再单调，营造出一定的视觉冲击力。

01 将时间轴移到希望添加转场的位置(片头和第1张图片交界处)，如图8-48所示。

02 单击【转场】按钮，选择【转场效果】|【运镜转场】|【推近】效果，如图8-49所示。

图 8-48 图 8-49

03 此时在时间线区域的视频之间添加转场效果标识，用户可以拖动边框延长或缩短效果时长，此处默认为0.5秒，如图8-50所示。

图 8-50

04 使用同样的方法在每两张图片之间均添加转场效果，建议从【运镜转场】选项卡中进行选择，并且尽量不要重复，然后调整音乐和视频轨道时长一致。添加完转场后的视频轨道如图8-51所示。

图 8-51

提示:

　　加入转场后, 节拍点往往位于转场的"中间", 这会使视频的节拍点"踩得不够准"。因此需要调节每一段视频素材的长度, 使转场效果的"边缘"刚好与节拍点对齐, 如图 8-52 所示。

图 8-52

3. 添加酷炫特效

　　接下来通过特效为该音乐卡点视频进行润色, 使其视觉效果更加酷炫。

01 单击工具栏中的【特效】按钮, 选择【特效效果】|【自然】|【晴天光线】效果, 单击该图标右下角的■按钮, 如图8-53所示。

02 此时添加了特效轨道, 将【晴天光线】特效时长覆盖至大概前两张图片时长, 如图8-54所示。

图 8-53

图 8-54

03 继续单击【特效】按钮, 选择【特效效果】|【基础】|【镜头变焦】效果, 单击该图标右下角的■按钮, 如图8-55所示。

04 将【镜头变焦】特效时长覆盖至前两张图片时长, 此时该视频片段覆盖了两层特效, 如图8-56所示。

图 8-55   图 8-56

05 继续单击【特效】按钮，选择【特效效果】|【基础】|【渐显开幕】效果，单击该图标右下角的 按钮，如图8-57所示。

06 将【渐显开幕】特效时长覆盖至大概第3、4张图片时长，如图8-58所示。

图 8-57   图 8-58

07 继续单击【特效】按钮，选择【特效效果】|【复古】|【胶片抖动】效果，单击该图标右下角的 按钮，如图8-59所示。

08 将【胶片抖动】特效时长覆盖至大概第5、6张图片时长，如图8-60所示。

图 8-59   图 8-60

09 继续单击【特效】按钮，选择【特效效果】|【动感】|【脉搏跳动】效果，单击该图标右下角的 + 按钮，如图8-61所示。

10 将【脉搏跳动】特效时长覆盖至大概第7、8张图片时长，如图8-62所示。

图 8-61　　　　　　　　　　　　　图 8-62

11 继续单击【特效】按钮，选择【特效效果】|【氛围】|【夏日泡泡I】效果，单击该图标右下角的 + 按钮，如图8-63所示。

12 将【夏日泡泡I】特效时长覆盖至大概第7、8张图片时长，此时该视频片段覆盖了两层特效，如图8-64所示。

图 8-63　　　　　　　　　　　　　图 8-64

13 在视频轨道中选中第3张图片片段，如图8-65所示。

14 在界面右侧的细节调整区域中，选择【动画】选项卡，选择【入场】|【放大】动画，然后设置【动画时长】为2秒，如图8-66所示。

图 8-65   图 8-66

15 此时在预览区域中播放该视频片段，查看【放大】的动画效果，如图8-67所示。

16 在视频轨道中选中第8张图片片段，在细节调整区域中选择【动画】选项卡，选择【出场】|【向上转出】动画，然后设置【动画时长】为2秒，如图8-68所示。

图 8-67   图 8-68

17 此时在预览区域中播放该视频片段，查看【向上转出】的动画效果，如图8-69所示。

18 单击【导出】按钮，在打开的【导出】对话框中设置导出选项并导出视频，如图8-70所示。设置完成后的整体轨道布局如图8-71所示。

图 8-69

图 8-70

图 8-71